后浪

Taj Mahal Multiple Narratives

泰姬陵的故事

帝 王 雄 心 与 永 生 花 园

［印］阿米塔·拜格（Amita Baig）　［印］拉胡尔·麦罗特拉（Rahul Mehrotra）　著　　秦晴　译

四川美术出版社

目　录

扉页：沙贾汗宏伟纪念碑背后的灵感来自他的第三任，也是最心爱的妻子慕塔芝·玛哈（Mumtaz Mahal），她在生下第十四个孩子时去世。

对页：这幅画出自 1750 年在伊朗集结成册的著名画册——《彼得堡图录》（Petersburg album），描绘了莫卧儿皇帝沙贾汗（Shahjahan，左上）与儿子奥朗则布（Aurangzeb，右上）、达罗·悉乔（Dara Shikoh，左下）在一起的场景。画页装饰着繁复的花边，图中文字说明了画中人物的关系（除右一人，其余为家人）。

前　言

邂逅泰姬陵

　　《泰姬陵的故事：帝王雄心与永生花园》脱胎于我们与泰姬陵共度的漫长岁月。每当有未曾想象的传奇逐一浮现时，都让我们更加沉迷于此。这些故事有时记载于学术论著，有时则听闻于我们数次造访这一圣地时所邂逅的人群，亦可从泰姬陵周边建筑外墙上那些可追溯至一个世纪前的精彩涂鸦中窥见端倪。

　　数年前的一天，当我们从法塔赫普尔门（Fatehpuri Gate，即泰姬陵西门）离开时，印度游客正在门外安静地排队，期待进入并朝拜这一伟大的陵墓，哪怕烈日灼烧、候时已久也毫无怨言。当时我们就已预感到，在我们的文化语境中，有一个更加宏大的故事正等待我们去书写、阐释。包括遗址与城市共生的故事，以及那些共同塑造了这一文化的人——他们创造了一座如此宏伟的纪念碑。

　　在印度，我们听着泰姬陵的故事长大：工匠们被刺瞎双眼以保证泰姬陵的举世无双，或者那传说中的黑色泰姬陵，以及帝王对臣民的血腥统治。从某种意义上说，我们希望揭开这些激发了探究之心和解读之欲的谜团。我们坚信，这些多元叙事不仅能丰富游客的参观体验，还使泰姬陵在本地民众的想象中丰碑永存。

　　2000 年，我们应塔塔集团印度酒店公司（Indian Hotels Company Limited，IHCL）邀请，为泰姬陵制订一项保护管理计划。对于长期在印度从事文物保护的专业人员而言，这一工作堪称完美。印度酒店公司的格局极其宽广，符合泰姬陵一贯的最高标准。公司已故的拉维·杜比（Ravi Dubey）和希尔林·芭提瓦拉（Shirin Baltiwala）主导了这一项目，在公司机构和政府部门之间建立起了一种实验性的、松散的合作关系。

　　我们的工作内容包括研究、记录、与专家和印度考古调查局（Archaeological Survey of India，ASI）的官员举办研讨会，有时还会自发地思考解决方案。能在泰姬陵工作已经是一项特权，任何个人的名字都不应该与这一神圣而永恒的事物相提并论，因此我们以泰姬陵保护合作组织（Taj Mahal Conservation Collaborative，TMCC）的名义行事。当我们在阿

前页：答辩厅（Jawab）* 的屋顶装饰细致繁复，错综复杂的图案尽显泰姬陵建筑群对细节的极致追求。

对页：泰姬陵的每一处景观都提供了一个新的视角，一种新颖的叙事方式，激发人们再次投入精力去研究其细微差别和工程技术，探寻那些神秘浪漫的传说与现实之间的区别。如果凑近一点，你可以看到泰姬陵的细节，正是它们使这座印度最具标志性的纪念碑看上去更具质感。

―――――――――

* Jawab，直译为"回答"，意指与清真寺对应的建筑，即泰姬陵东侧的答辩厅。——译者注

下图：这幅泰姬陵水彩画（19世纪60年代早期）由一名在阿格拉地区旅行的匿名画家创作，不仅记录了泰姬陵周边郁郁葱葱的树林，更巧妙地"创造"出主陵前的一片草坪，体现了英国绘画观念中对于理想景观的理解。

格拉工作了五六年之后，这一联合体已家喻户晓。我们诚挚地感谢同事普里亚琳·辛格博士（Dr. Priyaleen Singh）、安娜贝尔·洛佩兹（Annabel Lopez）、阿若普·萨巴迪卡里（Arup Sarbadhikary）、纳文·皮普拉尼（Navin Piplani）和塔拉·夏尔马（Tara Sharma），以及来自RMA建筑事务所的年轻建筑师们，他们在项目的不同阶段参与其中，并构成了泰姬陵保护合作组织的核心团队。此外，还有那些与我们志同道合、并肩战斗长达数年，甚至在我们正式的顾问合约到期后仍然继续合作的人们。遗憾的是，我们对于泰姬陵的承诺尚未实现。长久以来我们殷切期待，为了这一非凡纪念碑的未来，那些共同提出的想法和建议能够付诸实践。

2000年，印度考古调查局与印度酒店公司签署了一份合作备忘录（MOU）。这在印度新兴经济的初级阶段，堪称是开展公私合作的绝妙之举。面对来自私人机构的合作提议，政府表现出前所未有的积极态度。这是一个兼具天时地利人和的项目，有望树立起一个杰出的标杆，并且在印度首次全面地审视一个世界文化遗产。几乎在项目伊始，各方就达成共识，即遗址管理计划应该成为项目的前置基础，从而为泰姬陵未来的整体管

Taj Be ka Roza Agera ka

理确立原则和战略，并为决策程序提供可靠的方法论。通过妥善恰当的申请流程，遗址管理计划将搭建起一个决策平台，帮助印度考古调查局和当地行政机关在 1994 年最高法案[①]的条款限制之下，管理这一最为复杂的遗址。这就意味着，所有保护提案或一切基础设施改建，都需要由最高法院指定的监管委员会就其对泰姬陵及其周边环境的影响进行审查。因此，遗址管理计划也可以作为指导框架，帮助委员会理解这些提案的必要性和相关性。毕竟，关于泰姬陵的事项是如此的错综复杂。

奠定好扎实的基础之后，研究者开始评估已有的信息。泰姬陵毫无疑问是全世界遗址研究的焦点之一。比如，一位结构工程师于 1985 年造访泰姬陵后，发布了一份危言耸听的报告，宣称该建筑已危在旦夕，而众多国内、国际学者的研究结论却与之大相径庭；最高法院的判例则说明围绕自然环境而展开的研究也相当重要。所以首要且关键的举措是形成关于泰姬陵研究和出版物的参考书目，从而为泰姬陵保护合作组织的所有顾问提供基础的数据资料库。此后，一份涵盖了所有相关科学研究和调查的资料汇编，以及印度考古调查局自成立以来对泰姬陵开展的保护工程年表也相继出炉。

在这个过程中，世界各地受邀前来指导工作的专家功不可没。已故的文物保护专业奠基人伯纳德·费尔登（Bernard Feilden）爵士教导我们在决策中关注当下的价值。研究泰姬陵的著名学者埃巴·科赫（Ebba Koch）教授和詹姆斯·韦斯考特（James Wescoat）在这一领域的真知灼见构成了研究的指导核心，激发着我们继续上下求索。米洛·比奇（Milo C. Beach）的深刻见解与学术敏感性对我们启发巨大，还有斯纳克·班德拉纳亚克（Senake Bandranayake）、马鲁克·塔纳波（Marukh Tarapore）和马坦德·辛格（Martand Singh），他们在所做之事中倾注了极大的热情，为我们树立了杰出的榜样。盖蒂基金会与世界文化遗产基金会作为合作机构也对项目贡献良多。

上图：这张石板印刷画（1883 年）是宣传册《印度朝圣之旅》（*Ziyarat Al Arab*）的插图，记录了这座纪念碑在建成 100 年后仍然被视为圣地的珍贵历史。

上图：尼古拉斯·谢瓦利埃（Nicholas Chevalier）于 1870 年创作的画作显示，当时泰姬陵的花园已杂草丛生，略显荒芜。尽管如此，水渠和喷泉仍在使用。在这幅画中可以明显看到，波斯花园（char bagh）* 已变成一个休闲空间。

---

① 泰姬陵面临的工业污染主要来自周边工厂使用的煤炭。为了减少该地区的空气污染，1994 年 4 月 11 日，印度最高法院将 292 家污染企业列入黑名单，并将无法使用清洁能源的企业从泰姬陵保护区内迁出。——译者注

* char bagh，天堂花园或宇宙花园的原型，指带有围墙庭院的、以水池为中心、上下左右以水渠分割为四个部分的花园，公元 8—18 世纪广泛存在于穆斯林地区。——译者注

下图：20 世纪，泰姬陵成为研究焦点之一，大量素描、绘画以及规划图应运而生。这样的画作对于今天的文物保护人员来说至关重要，为我们了解建筑原貌及其复杂结构提供了线索，指引我们不断发现更多的细节。

2001 年，项目组召开了第一次国际专家会议。根据会议精神，围绕遗址各个方面的研究全面铺开，且进展迅速。印度考古调查局把两个仆人庭院（khwasspuras）①确定为游客中心的备选地点，希望在提高闲置空间利用率的同时，也为悬而未决的游客管理难题提供解决方案。当历史学家埃巴·科赫教授发现这里原来就是泰姬陵守护者的定居点时，我们便清楚地意识到这是建立游客中心的理想之处。因为一方面它与陵园有一定的距离，另一方面又有便利的公共交通。此外，如果要重新翻修花园和中庭，我们显然需要一份可行的游客管理计划，才能在不破坏印度最受欢迎景点的前提下，迅速推动项目。游客管理计划受到如此重视，是因为大众普遍认为参观泰姬陵耗时费力，这在一定程度上影响了泰姬陵的声誉。

① khwasspuras，宫殿或清真寺旁边供仆人居住的院子。——译者注

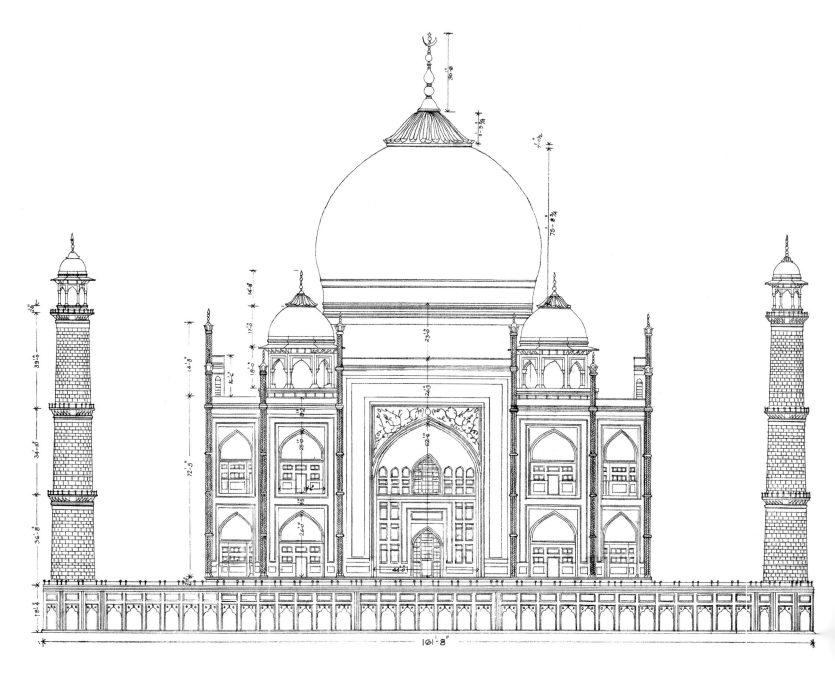

我们还仔细研究了遗址内的游客动线，以期降低主陵的压力，并发展参观人数相对较少的景点。为此，我们引入了标识系统和遗址介绍牌，并对博物馆以及对面几乎废弃的鼓楼（Naubat Khana）进行了提升改造的初步评估。当两座鼓楼完成改造后，遗址内的游客将被分流至此。

泰姬陵占地宽广，陵园面积超过 16 万平方米。因此，为了便捷地获得信息，先进的数据管理系统必不可少。我们认为，有了合适的设施、管理手段以及更好的游客体验，公众才会更加热爱并自觉守护泰姬陵。

令人振奋同时又引人入胜的发现来自泰姬陵保护合作组织专家普里亚琳·辛格博士牵头的研究。经过大量调查，他们尝试揭开让整个团队都感到困惑的、关于原始花园的谜题。我们一开始很难相信泰姬陵设计的核心是一个原始花园，只是后来花园的面貌发生了改变，从而丧失了其原始功能。但想象一下，这座白色纪念碑如失重般飘浮在一个绝美花园之上，就像覆盖在框架上的白色布料，这一观点似乎也讲得通。因此，找到坚实的证据，证实在泰姬陵地基下其实隐藏着一个原始花园，一度成为团队的工作重点。要想证明现有的花园结构不是设计初衷绝非易事。它不仅与世人对泰姬陵及其布局的想象不符，也动摇了目前的遗址保护工作。我们意识到，泰姬陵已经被想象成现在所看到的花园的模样，这是一个难以扭转的形象，因为世界正是通过它来了解和想象这一惊人遗迹的。因此，现在也许并非质疑和挑战这一被广泛接受的观点的恰当时机。作为战略性妥协，我们在游客中心设计了一个展览，期待后人有信心并且能够扭转英属印度总督寇松勋爵（Lord Curzon）在 19 世纪末 20 世纪初强加给泰姬陵的美化修复痕迹。

顶图、上图：20 世纪 90 年代，考古学家在泰姬陵对面发掘了月光花园（Mehtab Bagh）遗址。遗址上原本只有一座城堡塔楼（burj），但却在地下发现了巨大的八角形池塘、水流系统以及带有围墙的花园遗址。所有这些发现都给泰姬陵宏伟的规划带来了新的诠释。

接下来的几年中，我们定期举行遗址现场会议，工作进度也比预期稍慢。在项目的初期，这种公私合作的模式还在摸索中，而泰姬陵又是这个国家中最受关注的遗址。因此，项目进展的每一步都精益求精，力求契合全新的知识体系。

在泰姬陵的工作每天都面临新的问题和挑战，所有顾问都突然有了伴着风险工作的危机意识。给建筑测绘的建筑师会突然直面枪口；我们还得从仆人庭院里废弃的牛棚中移走牛群；当地政府与印度考古调查局之间的分歧导致

下图：1595 年，阿克巴皇帝授命创作《古波斯诗抄本》（Baharistan）。其中由著名诗人甲米（Jami）所著的《春之园》（Gardens of Spring）一诗，配有这样一幅描绘年轻泰乐女子的插图，展示了花园在莫卧儿王朝生活中的重要地位。

波斯花园为研究关于天堂的想象以及鸟语花香的花园庭院提供了充足的信息。

底图：一位贵族女性坐在金色的椅子上喝酒，仆人伺候在侧，树木与野生动物环绕其间。这幅画清楚地表明了在宫廷里受到皇帝恩宠的女人过着富足的生活。

对页：胡马雍（Humayun）*若有所思地拿着一个萨佩琪（sarpech），一种镶有珠宝的头巾装饰。莫卧儿皇帝用它赏赐家族成员以标识血统或表达宠爱。这类图画反映了莫卧儿人为自己创造的美学与秩序。

———————————

* Humayun，莫卧儿王朝第二代皇帝，巴布尔之子。——译者注

现场管理无法进行；由于缺乏对莫卧儿花园的深入研究，肮脏的亚穆纳（Yamuna）河水使人们只能凿井取水，才能灌满泰姬陵精致密布的水道沟渠。维修步道的提议也被暂缓，因为各方讨论之后认为应该保持初代工匠的签名标记。如果更换这些损坏的石头，那么雕刻在石头上的精致印迹也将不复存在。

2004 年夏天，当项目正在缓慢而稳定地进行时，媒体公布了一份预警报告：因为与泰姬陵密不可分的相关性而被列为世界文化遗产的阿格拉古堡（Agra Fort），计划在河道之上兴建包括购物中心在内的旅游设施。尽管在方圆 500 米的泰姬陵保护缓冲区内禁止修建任何建筑，但这个计划以所谓的"泰姬陵遗产走廊"为名，试图以这一扭曲的术语打个擦边球。中央政府与地方政府就泰姬陵周边地区的保护问题针锋相对，这一事件成了当年的舆论焦点。直到最高法院介入，对地方政府和中央政府均施以更加严厉的限制和束缚，走廊计划才被放弃。

而原本计划在仆人庭院里修建的游客中心，尽管得到了印度酒店公司以及联合国教科文组织世界文化遗产中心双方的共同认可，仍然受制于最高法院的禁令。根据一项古怪的决策程序，遗址保护以及适应性改造项目的命运取决于法官律师，而不是专家学者，哪怕后者基于国际通用准则，权衡利弊后制订出战略计划。

到了 2008 年，游客管理危机已经不容忽视。由于安保系统繁琐而低效，游客常常需要在烈日下等待 3 ~ 4 个小时。议会常务委员会要求提出解决方案。印度酒店公司再次响应印度考古调查局的要求，推翻原有的游客中心设计方案，提出兴建一个更大的游客管理中心。2010 年，一场特殊的听证会上，匿名评委针对改建计划进行表态。出于各种原因，泰姬陵保护合作组织提出的数个想法和计划未获通过。各方缺乏更强大的动力中枢来促成统一愿景，即共同保护泰姬陵。这一瑰宝不仅仅是一栋大理石建筑，更是蕴涵着无数秘密和未知故事、神秘而永恒的宝藏。

多年之后，我们决定撰写本书，记录这座曾给予我们启发的伟大建筑的些许点滴。但更重要的是，这本书可以证明，更加多元的故事实际上能够加深人们保护泰姬陵的参与程度，并继续拉近它与所在城市阿格拉的关系。尽管我们深深意识到在这本书出版之前就有大量的学术研究，

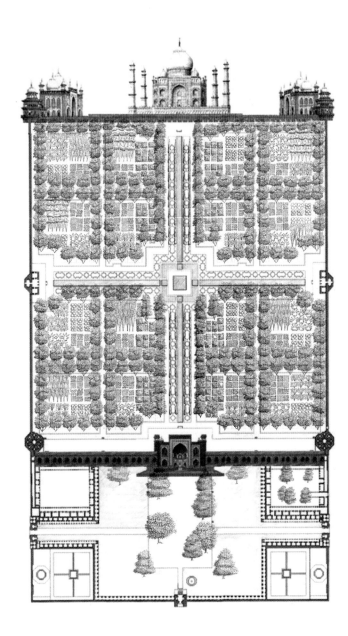

上图：20世纪初，人们认为因缺乏照料而荒芜的花园有损泰姬陵的美丽，于是用草坪取而代之，以完美衬托泰姬陵的原始风貌。作为泰姬陵保护合作组织合约的一部分，普里亚琳·辛格绘制了一些细节图纸以重现花园的精髓所在。

但我们仍不懈努力，希望对泰姬陵的新解读能够丰富人们对它的想象。

本书的成型和结构受到以下三本著作的深刻影响。埃巴·科赫于2006年出版的《泰姬陵全景》（The Complete Taj Mahal）从不同角度，以大量的学术论述审视了这一建筑，并通过象征主义的研究来解读建筑美学。W. 贝格利（W. Begley）和Z.A. 德赛（Z.A. Desai）在1989年合著的《泰姬陵：光明之墓》（Taj Mahal: the Illumined Tomb）一书，关于莫卧儿王朝传统和文化的学术诠释，对我们理解泰姬陵有不可估量的价值。最后，伊丽莎白·莫伊尼汉（Elizabeth Moynihan）在其1996年出版的《月光花园：泰姬陵的新发现》（The Moonlight Garden:New Discoveries at The Taj）一书中，对月光花园展开了复杂而深入的研究，为我们打开了看待这一宏伟计划的全新视角。我们试图综合这三种不同叙事的共同价值，从而以也许更具包容性的态度来诠释这座美轮美奂的纪念碑。受这三本著作以及众多学者发表的论文和专著的启发，再加上实地考察，我们构建出多元叙事的框架，并期望它能让我们所有人都看到一个更加丰满的泰姬陵。

我们对苏里曼·马哈茂德阿巴德（Sulaiman Mahmoodabad）、萨伊德·伊玛目（Syeda Imam）和穆扎法尔·阿里（Muzzaffar Ali）在我们构建解读时给予的慷慨指导表示深切的感谢。理查德·恩格尔哈特（Richard Engelhardt）对亚洲文本的敏感和提炼能力对我们而言无比重要。还有总是不知疲倦地查找档案和文献出处的研究助理瑞提卡·卡纳（Ritika Khanna），以及完善参考文献的阿伊莎·梅赫罗特拉（Ayesha Mehrotra）。我们还要感谢蒙特利尔的加拿大建筑中心（Canadian Centre for Architecture），它为我们开放了图文并茂的泰姬陵档案，并允许我们使用他们完备的设施设备进行校对审核。

塞尔加·纳德勒（Serga Nadler）也是值得特别感谢的朋友，她无私地分享了丈夫丹尼尔的摄影作品。这些照片不仅反映出丹尼尔对建筑的敏感，而且满怀他对印度的热爱。他的照片极大地丰富了本书。

由查尔斯·格拉西斯（Charles Gracias）、纳文·皮普拉尼（Navin Piplani）、维尼特·迪沃卡尔（Vineet Diwarkar）和自然、艺术与遗产发展研究院（Development and Research Organisation for

Nature, Arts and Heritage，DRONAH）、格米特·拉伊（Gurmeet Rai）、安娜贝尔·洛佩兹、拉杰什·沃赫拉（Rajesh Vohra）和罗米尔·赛斯（Romil Seth）提供的大量照片，也是展现泰姬陵多元叙事的无价之宝。

　　至关重要的是，这本书的出版要归功于印度考古调查局丰富的记录和信息。我们特意选用取材于印度本土的背景材料和研究资源，并尽量忠实于此。我们十分感谢印度考古调查局主席，尤其是 K.N. 斯里瓦斯塔夫（K.N. Srivastav）先生在过去二十年中对我们工作的支持与配合。印度考古调查局主席拉克什·特瓦里（Rakesh Tewari）博士、什哈拉特·莎尔玛（Shharat Sharma）先生、B.R. 玛尼（B.R. Mani）博士和扬威吉·夏尔马（Janhwij Sharma）先生为我们打开了泰姬陵秘密的大门，对此我们深表谢意。

　　多年来，包括布万·维克拉姆（Bhuvan Vikram）博士在内的每一位考古学家都丰富了我们对泰姬陵的认识和了解，我们应该向阿格拉考古环线上的负责人和官员们表示最深切的感谢。我们还要特别感谢 P.B.S. 斯嘉尔（P.B.S. Sengar）先生、达亚兰（Dayalan）博士和 N.K. 帕塔克（N.K. Pathak）先生，他们非常慷慨地分享了他们的知识和我们极其倚重的珍贵档案。我们衷心感谢穆那扎尔·阿里（Munazzar Ali）先生，多年来他一直是泰姬陵的文物保护助理，悉心照看着泰姬陵。通过与他的密切合作，我们一路探索着泰姬陵的诸多秘密。我们还深深感谢印度考古调查局的许多朋友和同事，他们对保护印度遗产，特别是对泰姬陵的敬业和奉献常常被低估。印度 OM 国际出版集团（Om Books International），尤其是总经理阿杰·马格（Ajay Mago）和编辑迪帕·乔杜里（Dipa Chaudhuri）对我们鼎力支持，他们欣然同意出版本书，对此我们深表谢意。迪帕是一位出色的编辑，她对我们的书稿进行了反复修改，细致用心。伊普希塔·米特拉（Ipshita Mitra）则一直孜孜不倦地寻找能够充实本书的图片，我们非常感谢她。阿尔帕纳·卡雷（Alpana Khare）作为本书的平面设计师，同样深爱着泰姬陵，与我们一起探索它的无数秘密，这份热情在本书的优雅设计中显现无疑。

顶图、上图：从泰姬陵的南面入口（现在通称"正门"）往前看，泰姬陵神秘地掩映在树丛之间，人们要走到主通道的中间才能看到它的全景。

次页：这幅 18 世纪的泰姬陵图像是一场富有想象力的演绎，因为多窗的墙壁、露天的平台和装饰物都破坏了对称和设计的纯粹性。

نقشه روضه منوره تاج گنج سمت دریا سی

简 介

多元叙事

讲述泰姬陵的故事并非易事，重新讲述更是难上加难。然而在印度，没有一座建筑可以在概念、美感、规模和雄心上与之媲美，也没有一个故事可以将其完整概述。这座熠熠生辉的白色大理石建筑遗世独立，象征着爱情、帝国以及一位皇帝建立永生花园（jannat）和人间天堂的决心。每一个试图重构整体的叙事角度都存在细微差别，而这些差别又引发新的诠释。在 1972 年出版的《泰姬陵的神话及其象征意义的新理论》（*Myths of the Taj Mahal and a New Theory of its Symbolic Meaning*）[1]一书中，韦恩·贝格利（Wayne Begley）提出了一个有说服力的论点，认为泰姬陵不仅仅是一座陵墓，而且象征着更加深远和宏大的意义。关于泰姬陵的著述林林总总，从辞藻华丽、近乎谄媚的宫廷记录，到 19 至 20 世纪旅行作家们的记述，这些作家受新自由主义、理性话语模式，以及新兴社会政治思潮和民主化进程的影响，以一种更加节制，甚至平淡乏味的方式记录泰姬陵。但如此隆重地厚葬一位皇后绝对是空前绝后的，甚至连沙贾汗祖先的陵墓也要低调得多。

然而，即使我们大胆揣测沙贾汗的意图，仍然无法解释为什么他没有为自己修建陵墓。毫无疑问，正是这种缺失，才产生了在河对岸，如今月光花园所在位置其实应是黑色泰姬陵的传说。也许，他是如此醉心于权力，以至于相信自己的统治毫无破绽；或者他以为，就算儿子们争权夺利，仍然会给他修建宏伟的陵墓；又或者仅仅是因为他压根儿就没有机会——自沙贾汗纳巴德（Shahjahanabad）[2]建成之后，他就被囚禁在阿格拉，直至生命的末日。

沙贾汗身上同时流淌着帖木儿（Timur）家族和拉杰普特（Rajputs）家族的血液。他的母亲是来自马尔瓦王国的苏里亚万什人（Suryavanshi），被认为是太阳的后裔。在双重血统的影响下，沙贾汗可能借鉴了印度统治者兼顾精神和世俗的范例，而不像其祖父阿克

前页：从胡马雍陵（第 12 页）和泰姬陵（第 13 页）的主通道来看，明显可以看出后者借鉴了前者的设计，但在空间构成和建筑组合方面更加宏伟。

对页：关于沙贾汗最广为流传的故事之一，是他在人生的最后几年，被儿子奥朗则布囚禁于阿格拉堡，只有女儿贾哈娜拉（Jahanara）陪伴着他。拉宾德拉纳特·泰戈尔（Abanindranath Tagore）的这幅画捕捉到了其中的辛酸。

① *The Art Bulletin*, 61（1972）7-37.
② Shahjahanabad，沙贾汗在旧德里建造的新首都。——译者注

巴皇帝那样企图开创一种包罗万象的信仰。事实上，因为印度血统的影响，他经常背离乌理玛（ulema）[1]清教主义的教旨。

莫卧儿王朝的皇帝都是苏菲派圣人（Sufi saints）的虔诚信徒，甚至在巴布尔大帝（Babur）移居阿格拉建造宫殿花园之前，也曾去德里巡视过尼扎穆丁·奥利亚（Nizamuddin Auliya，著名的契斯提耶派苏菲圣人）的坟墓。为了表达对苏菲派圣人萨利姆·奇什蒂（Salim Chisti）的敬意，阿克巴皇帝（Akbar）修建了法塔赫布尔西格里城（Fatehpur Sikri）[2]，而这位圣人对他的影响甚至延续至其子孙后代。有些学者认为泰姬陵标志着莫卧儿帝国的鼎盛时期，它的建造者可能是一个带着一点儿仇外情绪、尝试追求来世的人。在他探寻的那个维度里，皇帝将继续统治世界，并且与上帝合二为一，相互印证。

只有从城堡出发，乘驳船出行时，沙贾汗才能从河边看到泰姬陵。因此，他的视野受到了感知地图的限制。而这一很少被游客看到的视野，可能会给这座纪念碑带来新的想象。如果你从皇帝的角度去看泰姬陵，就会意识到临水而建的北墙是唯一装饰得如此华丽的外墙，很明显这是皇帝的入口。沙贾汗搭乘驳船抵达泰姬陵围墙脚下，从这个有利位置欣赏泰姬陵。此外，当时的地图显示，泰姬陵的规划是以河流，而不是波斯花园为中心，这清楚地表明河流这一到达点，曾是更大型的泰姬陵综合体的中心。

同样，这一遗址还显示了沙贾汗思想的二元性。他如此强大，无所不知，这一力量驱使他去创造而不是去模拟。方方面面的元素都喻示着这种二元性，从政治领域到精神领域，统治者和乌理玛，帝王和平民，甚至天堂与人间。这一隐喻贯穿于泰姬陵的复杂建筑中，在皮西塔克（pishtaq）[3]上的书法纹饰中最为明显。毫无疑问，整个规划都基于"来世"这一理念，同时将创造力发挥到极致，把建筑提升到一个前所未有的高度，以至于无人可以超越甚

上图：家谱对于莫卧儿人建立血统和宗亲关系至关重要。从伟大的帖木儿时期到更加分裂的莫卧儿王朝，帝位往往是通过无情地除掉至亲和竞争者而获得的。这样的家族图谱更多是为了记录兄弟关系，而不是表达手足情谊。

右图：这幅18世纪由戈韦尔丹（Goverdhan）绘制的图画显示了皇帝至高无上的权力。他手持皇冠，似乎在诱惑那些有资格坐在他身边的儿子们。朝臣们站在下面待命。华盖、地毯无不精美绝伦。

① ulema，穆斯林神学家和法学家的统称。——译者注
② Fatehpur Sikri，莫卧儿王朝于1569年开始兴建的宫城，但由于水源等原因于1585年废弃。——译者注
③ pishtaq，波斯和伊斯兰建筑中一种常见的长方形、带拱顶建筑的入口门面，称"皮西塔克"（pishtaq），其上常绘有繁复的几何花纹和伊斯兰书法。——编者注

前页：皇帝只会乘船从城堡前往泰姬陵，这决定了他观看泰姬陵的视角。当原始的亚穆纳河顺流而过之时，富丽堂皇的立面才是合适的皇家入口。

右图：这幅泰姬陵的早期绘画来自一个印度和波斯艺术收藏家，描绘了大理石建筑掩映在茂密树林中的场景。但画中出现了三条水道，而非一条，几乎看不出波斯花园的设计理念。

左图：这张细密画描绘了坐在波斯花园里的贵族，画面以对角线视角构图。花园底部是一排栏杆，远处有一堵高墙，左侧是一个拱形门洞。水渠周围簇拥着开满小花的植物。波斯花园里林木品种繁多，包括柏树、香蕉树、开花的和多叶的树木，其间点缀着各种花朵。背景中的树木间，鸟儿飞翔穿行或栖息于树上。这幅画是莫卧儿花园的绝佳写照，对主体结构周围的植物细节刻画得细致入微。

至质疑它的象征意义。泰姬陵无疑是一个神圣空间。是沙贾汗足够自负吗？他在修建这一想象中可以沟通天地的神秘之地时，还在试验"来世"理念的二元性。创造永生花园的整个概念都反映了这一思想，即对不可及之物的追求。每一个元素都如此梦幻，事实上，它就是这样。

在《泰姬陵的故事：帝王雄心与永生花园》一书中，我们将"永生花园"（jannat）一词与天堂（paradise），即基督教中关于"未知"的表述相区别。《古兰经》记载了永生花园的细节，包括"在低处流淌着小溪"[1]，但并没有提到它是如何修建的。这是一个寓言式的描述，花园里树木长青，泉水、牛奶、蜂蜜和美酒汩汩而流，丰厚的奖赏等待着忠厚之人。世界各地的学者尝试解读这些神秘的寓言，也给"永生花园"留下了很多解释。

"jannat"一词起源于阿拉伯语，而"paradise"一词可能源于波斯语"firdaus"。"jannat"被翻译成花园，是因为在干旱地区，统治者或贵族拥有的滨水、荫凉、封闭庭院，无疑是种奢侈。

从马格里布（Maghreb）到印度，封闭庭院创造出微气候，人们从中学会如何管理水渠。从波斯的坎儿井（qanat）到流入克什米尔花园的泉水，花园成了一个多功能场所。后来，结束远征的帖木儿回到撒马尔罕（Samarkand），建立并命名了大量舒适的花园，从而使花园发展到一个极其复杂的程度。在印度斯坦的宫殿和花园是巴布尔大帝的休闲之所，就像阿格拉的阿拉姆花园（Aram Bagh）一样。《古兰经》曾提到两套花园系统（第55章）。

> 凡怕站在主的御前受审问者，都得享受两座乐园。（55.46节）
> 你们究竟否认你们的主的哪一件恩典呢？（55.47节）
> 那两座乐园，是有各种果树的。（55.48节）
> 你们究竟否认你们的主的哪一件恩典呢？（55.49节）
> 在那两座乐园里，有两洞流行的泉源。[2]（55.50节）

因此，波斯花园作为"天堂花园"所体现的进化和复

下图：这块制作于伊朗萨非王朝时期的科曼（Kirman）地毯或瓦格纳（Wagner）地毯是现存最精美的地毯之一，描绘了人间天堂，即波斯花园的样子，与《古兰经》中的记载一致。花园里有流淌的水渠以及位于中央的水池。乔木、灌木、花朵、果树和动物穿插交织，捕食者与猎物共存，还有蝴蝶和飞蛾等细微之物。这是对神圣花园最好的诠释。

① Barrucand, Marianne, 'The Garden as a Reflection of Paradise,' *Islam: Art and Architecture, Hattstien and Delius*, Konemann, 2004, p. 490.
② 本书《古兰经》译文采用马坚中译本，此处所称"乐园"即本书所谓"花园"。——编者注

右图：泰姬陵的完美在于各个
角度都无可挑剔的对称，体现
了精准而科学的设计。每一个
建筑特征相互映衬，使这座纪
念碑完美呈现。

杂性，可能并不真实。也就是说，永生花园是一个寓言式的花园，而陵墓花园才是合乎逻辑的发展。

然而，泰姬陵进一步实现了这一构想。因为建造一座像永生花园那样的陵墓无疑是一种自我膨胀的举动，而这一举动为我们留下了世界上最杰出的永恒纪念。建造这个想象中的综合体，必须拥有无限的创造力和高超的技术，融合科学、天文以及多种技能之后才能实现。沙贾汗选址于此并不仅仅是因为这里风景如画，或是从茉莉宫（Musamman Burj）① 看出来的良好视野。泰姬陵的位置完全符合宇宙学和平面对称的理念，从而决定了它在遗址上的实际呈现。

从选址到规划，沙贾汗的野心可能并不止于修建一座单纯的陵墓。他的计划核心——亚穆纳河，充盈着来自喜马拉雅的雪水。人们相信永生花园拥有流动的淡水，这是建造另一个世界的先决条件，也是与早期波斯花园的不同之处。在这里，皇帝和他妻子的遗体按南北朝向摆放，面朝西方，流动的淡水似乎可以象征性地给他们的头部注入新生的源泉；他们脚朝南方，指向正门方向，也就是普通民众的入口。在印度传统中，平民只能匍匐在皇室脚下以示敬意。

这些寓言意味深长，需要人们拓宽对泰姬陵的理解。它不仅是爱情的象征，更是一个具有多元叙事和潜在意义的复杂综合体。白色大理石的应用及其关于纯洁的隐喻也颇有深意，至今无人完全破译。当然，将亚穆纳河纳入其宏伟规划之中，如同试图建造永生花园一样，也是沙贾汗的惊人想法。从这一角度出发，我们也许能够明白泰姬陵的意义所在。这一意义在亚穆纳河的滚滚流水中转瞬即逝，但在对岸月光花园的水池中或可觅其踪影。

在泰姬陵，设计者大大小小的想法都得到了完美实现。在它建成之前许久，上帝之城——吴哥窟便已完工。它的设计同样以宇宙学为基础，并且模糊了国王和神的界限。位于吴哥窟顶部的天空水池也被划分为四等份，与斯里兰卡的西格里亚水上花园如出一辙，而后者早于泰姬陵几百年就已建成。天空水池和波斯花园相互印证，互为对照。一方面，水是中心；另一方面，土地是中心。不管从

次页：泰姬陵的设计初衷是让
人们从河边就可以一览全貌。
两侧的清真寺和答辩厅，似乎
是刻意选用红砂岩石以突出主
陵的洁白无瑕。

① Musamman Burj，沙贾汗为爱妃泰姬所建造的宫殿。——译者注

哪一方面来看，它们的规划都受到宇宙学的影响，反映出一种强烈的欲望，即企图去理解、诠释甚至是创造未知。

今天，泰姬陵的故事往往被当作一个至高无上的男人为深爱的妻子建造宏伟纪念碑的传奇。但实际意义远不止于此——这个男人被对妻子的激情所支配，妄想在世间建造永生花园，同时也企图通过纪念碑以确保自己的不朽。还有许多其他故事有待探索——也许是刻画在石头上的草图、随皇帝心意而四季变换的花园、滋养景观的水流系统、永表哀思的梦幻花朵，以及使这一切幻想实现的无名工匠所留下的印迹。

站在泰姬陵的城墙上，俯视亚穆纳河浑浊的河水，很难想象居住在阿格拉的莫卧儿人曾因为它清澈的雪水而欣

喜。但仍有许多想法在持续发酵，尤其是亚穆纳河曾被沙贾汗当作泰姬陵宏伟规划的核心。

当时的欧洲，文艺复兴方兴未艾，一种更有文化的生活方式逐渐普及——从 15 世纪佛罗伦萨的美第奇家族开始，极尽奢华的宫殿取代了城堡和堡垒。民族国家开始在各地出现，宫殿成为 17 世纪法国、西班牙和英国君主权力的象征。法国的卢浮宫和枫丹白露宫从沉闷的城堡变成了富丽堂皇的宫殿，类似的转变在欧洲随处可见。在印度斯坦，从很多方面来说，泰姬陵成了莫卧儿帝国灭亡的象征；而在北美，哈佛大学和其他几所大学的成立，使美国成为构建学习与知识中心的先驱。罗马的圣彼得大教堂和伦敦的圣保罗大教堂也在修建之中，它们有着巨大的穹顶，象征着教会的绝对权威，与国家政权建筑截然不同。与这些伟大的建筑不同，泰姬因其丰富的叙事和象征意义而独树一帜，实现了建筑和景观的完美融合。泰姬陵使想象成真却又避实就虚。

阿格拉的命运也与统治者息息相关。在阿克巴统治时期，阿格拉处于印度文明的十字路口，被称为"世界的中心"。这座城市在印度历史上发挥了关键作用，但当阿克巴从这里开始统治印度时，它的命运也就此注定。沙贾汗在建造了沙贾汗纳巴德后，很快就迁都旧德里，而随着泰姬陵的建设成本开始让阿格拉不堪重负，这座城市也难逃命运的安排。由于皇室财富转移到旧德里，这个曾经的贸易枢纽和伟大的文化传统中心逐渐没落，这座纪念碑以及繁荣一时的城市，都陷入了困境。在这个耗资巨大的工程背后，城市兴衰与纪念碑的修建息息相关。沙贾汗的生活极尽奢华，但为他创造这种生活的百姓却困苦不堪。虽然没有记录可以表明泰姬陵劳工到底有多穷，但可以肯定的是，印度斯坦在 1632 年陷入饥荒，而莫卧儿王朝的战争又导致帝国丧失了大片的国土，这些在很大程度上都加剧了莫卧儿帝国的衰落。

这座城市的生命与能量来自因河流而兴起的滨河花园、陵墓和宏伟的宅邸，以及随繁荣贸易而不断涌入的商人、小贩、教士和雇佣兵。而一旦经济中心北移，这些都会逐渐消失。音乐、艺术和文学蓬勃发展的势头不再，为莫卧儿军队制作皮鞋的皮革染坊接连倒闭，训练战象的象夫（mahouts）以及为满足统治者贪得无厌的欲望而建造并

左上：斯里兰卡的西格里亚宫（The Sigirya Palace，也称狮子岩宫殿）建于公元477—495年，位于巨石之巅。宫殿中部有巨大的雕塑和壁画，底层是设计精妙的水上花园。主花园通过四条水道与宫殿相连，把花园明确划分成四等份，可以说是波斯花园的前身。下一部分由一条小路组成，从附近溪流中分流出的水灌满了两个长方形水池，分列在道路两侧。设有人工岛的小水池一左一右，与狭窄的池塘共同构成了一个复杂的水上花园综合体。这种规划结合了对称和不对称的概念，有意将人工制作的几何结构与周围的自然地势相结合。其中一些复杂的地面或地下水循环系统至今仍在运行。宫殿南面还有一个人工蓄水池供整个宫殿使用。

左下：吴哥窟建于公元802—1220年，被认为是"石质的宇宙复制品"，代表了一种朴素的宇宙观念。它的中心塔象征着印度神话中的世界中心——须弥山（Mount Meru）。一些学者认为吴哥窟与泰姬陵类似，其地理位置和寺庙布局是基于宗教地理学、宇宙学和天文学的计算而决定的。

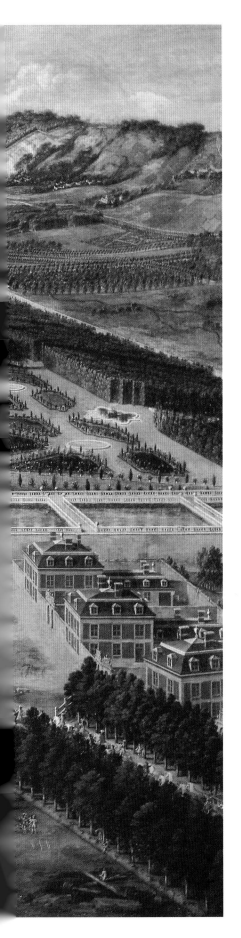

装饰这座城市的工匠也难寻踪迹。阿格拉，这座曾经的国际大都市难逃厄运。随着莫卧儿王朝的衰落以及掠夺者对印度中心地带的掠夺，甚至连神圣的陵墓也被亵渎。殖民统治者在虔诚的教徒曾经跪拜的平台上跳舞，年轻的情侣在哈什特比希特（hasht bihisht）[1]的玻璃窗上刻下他们的名字。如果不是因为 19 世纪末寇松勋爵的明智，印度文化遗产的损失将会更大。他清除花园中的杂草，勇敢地保护和推广泰姬陵。人们如今看到的泰姬陵在很大程度上取决于他对整洁和秩序的理解。

如今，同为世界文化遗产的泰姬陵和阿格拉古堡，依然占据河边的中心地带。关于它们的保护受到印度国内外的关注。1984 年，人们提起了一场公益诉讼，旨在减少导致泰姬陵白色大理石变色的工业污染。现在，泰姬陵核心保护区（Taj Trapezium，又称梯形区）方圆 50 千米内，不允许存在任何污染性工业。不仅如此，法律还要求在泰姬陵外环设立一条 500 米半径的绿带，保护力度在历史上前所未有。

泰姬陵，这颗印度王冠上的宝石，将被妥善保存以绵延后世。但这座城市的故事远不止如此。除了发达的大理石工艺品贸易，阿格拉还是最大的制鞋中心之一，即便它

上图、左图：当时的欧洲，文艺复兴方兴未艾，更有文化的生活方式逐渐普及，极尽奢华的宫殿取代了城堡和堡垒。民族国家纷纷出现，在法国、西班牙和英国等地，戒备森严的城堡被宫殿所替代，杜伊勒里宫和凡尔赛宫成为权力的象征。在印度斯坦，也许是巧合，泰姬陵却成为莫卧儿王朝灭亡的象征，尽管几乎在同一时期，旧德里的都城沙贾汗纳巴德正在修建。

---

① hasht bihisht，波斯建筑和莫卧儿建筑中常见的特定类型的平面布置图，划分为围绕中心房间的八个房间。环绕中心房间的八个部分和八角形形式代表了穆斯林八个天堂级别。——译者注

的鞣革厂在 1994 年被关闭。这是阿克巴皇帝时期的工业遗产。他曾开创立法，规定印度斯坦所有士兵必须穿鞋，而所有军鞋均产销于此。尽管这座城市的经济支柱一再坍塌，尤其是受泰姬陵所累，但阿格拉依然鼎力前行，包括珠宝商、金匠、地毯编织工以及大理石工匠在内的熟练工人，都在此地谋得生机。他们的故事充满了韧性和勇气，是阿格拉的精神支柱。

要让人们重新认识泰姬陵，需要远见、决心和对多元叙事的探索。正是这种探索使阿格拉和泰姬陵有可能成为内涵丰富的地域景观，一个真正的世界奇迹。印度有机会规划自己的路线，以彰显其遗产价值。但拥有这些古迹的公民，也需要远见卓识，在想象和构建未来的时候，把过去和现在结合起来。

左图：阿格拉不断变化的命运影响了这座城市的经济。莫卧儿王朝曾经繁华一时的滨河首都，变成了一个小镇工业中心，小规模的工业带来了有害的污染，对泰姬陵的白色大理石造成极大威胁。1994 年，印度最高法院作出了历史性的判决，下令建立泰姬陵核心保护区，禁止在其方圆 50 千米范围内存在任何污染工业。此举导致了阿格拉严重的经济衰退。如今，源自雪山的亚穆纳河亦是饱受污染，几乎停滞。

次页：从亚穆纳河往来的船只上向河边看，作为阿格拉的地标性建筑，泰姬陵依然矗立于河边。这是沙贾汗曾经亲眼所见的场景。

پل پاک‌گذره و فصیل و سنگ انداز باتمام مخلص حقیقت پیوند قاسم خان میربر و نجبه فرنجی

و فیروزی صورت و نقش اختتام گرفت

第一章

建造滨河之城

阿格拉的未来与泰姬陵紧密交织。每当阿格拉挣扎着从经济崩溃中复苏时，它的历史遗迹以及它作为滨河城市的地位都会为此付出代价。阿格拉，曾经被视为世界上最高贵的城市之一，甚至可与君士坦丁堡相提并论，却在当代印度的转型过程中黯然失色。作为一个目标不明、经济发展轨迹模糊的城市，它丰富而又充满活力的遗迹似乎可能因其发展的不确定性而消失殆尽。如今，我们很难想象这座沿河而建的城市曾遍布惬意的花园，人流如织，贸易繁荣。这一切曾证明了这座城市的重要性，它孕育出了享乐主义文化，并由此定义了伟大的莫卧儿王朝。

从历史上看，印度北部的大部分城市都坐落于恒河与亚穆纳河两岸，并受其滋养。宽广的亚穆纳河曾奔流于印度北部平原，喜马拉雅山的夏季融雪和季风带来的温暖雨水，带给它双倍的水量。经常改道的河流在淹没大片土地后留下肥沃的冲积土壤。这是印度北部大部分地区赖以生存的最肥沃的流域。人们一方面敬畏变幻莫测的河道，一方面明智而审慎地依水而居。

由于交通便利，印度人总是选择临水而居。其中恒河与亚穆纳河流域，人口尤为密集，就是因为这里地域辽阔、土壤肥沃，各个定居点之间四通八达。公元前500年恒河岸边的历史名城波吒厘子城（Pataligrama）[①]之所以发展壮大，就是以水源、耕地、密林以及河流贸易作为可持续发展的基础。因此，城市形态变得十分讲究。城市用通向河边码头的阶梯连接河流，用坚固的城墙与河堤划定边界，再沿途设置楼阁和其他小型建筑以彰显河流的存在及其对居民生活的重要性。

数世纪以来，在亚穆纳河西岸建立的三个主要防御城市，包括苏丹国首都旧德里、英雄之神奎师那（Lord Krishna）的诞生地维伦达文（Vrindavan），以及在更南部的印度莫卧

对页：这是莫卧儿艺术家米斯金（Miskin）创作的折页画细节部分，描绘了阿克巴皇帝于1566年修建阿格拉古堡的场景。这幅画出自阿布·法兹尔（Abul Fazl）所著的《阿克巴纪要》（Akbarnama）。米斯金是为书稿配图的众多艺术家之一。该画记录了丰富的建设细节，展现了男女工匠的工作场景。

① Pataligrama，《大唐西域记》中摩揭陀国的都城，位于恒河之南。——译者注

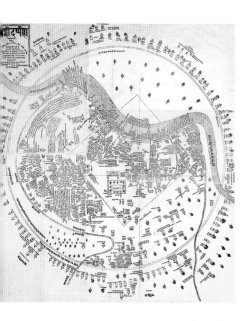

上图：Kashidarpana，著名的瓦拉纳西（Varanasi）古地图，突出了城市与河流共生的独特关系，二者唇齿相依。

儿王朝的首都阿格拉，共同成就了这片河滨地区。在这三大城市之间，亚穆纳河沿宽阔的古老河道席卷而过。由于亚穆纳河频繁改道，时常淹没大片土地，因此这些城市的稳定性取决于它们是如何建造的，以及河岸是否能抵挡河水的侵袭。在人类与河流的交互中，一个完整的建筑形态得以构建，象征着创造、更新、破坏或毁灭。

阿格拉就是这样一个城市，坐落于圣城维伦达文不远处，也许是印度恒河平原早期最重要的城市之一，在《摩诃婆罗多》（Mahabharata）[①]中被称为阿格拉瓦纳或阿格拉森林。公元前 1800 年，阿格拉瓦纳出现在繁盛帝国苏拉塞纳（Sursena）的都城——马图拉（Mathura）外围，似乎不无道理。第一个提到阿格拉这个名字的人是托勒密一世（Ptolemy Ⅰ Soter），一个备受亚历山大信任的将军和地理学家。他曾在公元前 323—前 283 年期间游历此地。公元 10 世纪，加兹尼王朝（Ghazni）的后裔穆罕默德·沙（Muhammad Shah）入侵这座城市，并从乔汉人（Chauhans）[②]手中夺取了统治权。然而，直到巴达尔·辛格

---

① Mahabharata，古印度两大著名梵文史诗之一，包含英雄史诗和大量的传说故事，具有宗教哲学以及法典性质，在公元前 4 世纪至公元 4 世纪期间，通过口头创作和传诵累积而成。——译者注
② Chauhans，经过祭仪而印度化的外族后裔，7 世纪初至 12 世纪末建立乔汉王朝。——译者注

下图：在很大程度上，旧德里的七个城市也是沿着河道发展。河流首先为定居点提供了充足的水源，也扮演着交通和贸易通道的角色。

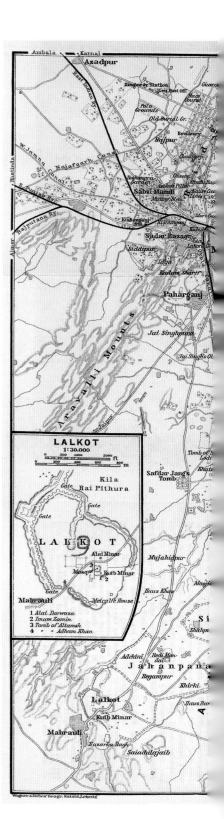

右图：恒河北部和西部顺流而下的水上贸易是加尔各答（Calcutta）得以发展的基础。通过与内陆地区开展贸易，加尔各答积累了财富，而潮汐河流是其繁荣昌盛的生命线。发端于河流东岸，这座城市继续向南北扩张，而工业发展则在西岸进行。

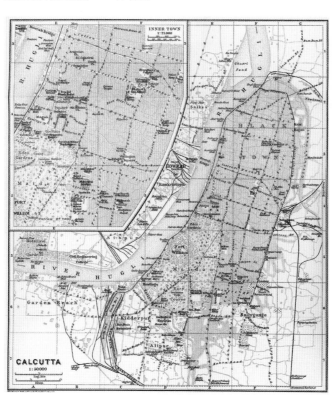

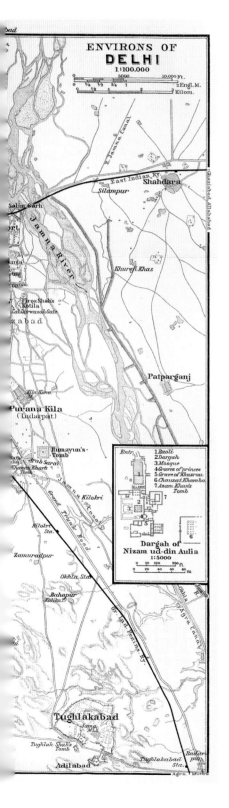

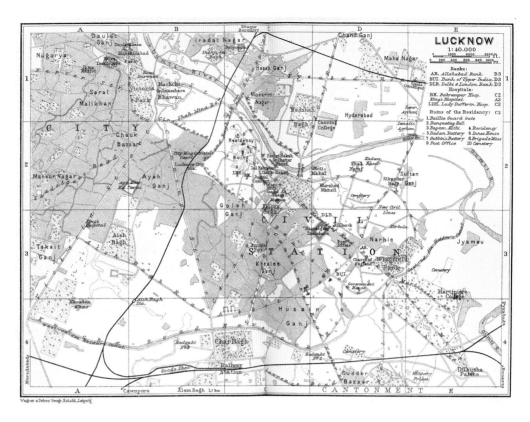

（Badal Singh）统治时期的 1475 年，才出现了关于阿格拉最早的历史记录。那一年，巴达尔·辛格修建了一座名为巴达加尔（Badalgarh）的砖石堡垒，以抵御不断侵扰的穆斯林。最终，这座坚固的城市还是落入强大而无情的西坎德尔·洛迪（Sikandar Lodi）[1]之手。[2]

上图：坐落于恒河支流戈麦蒂河（Gomti）岸边，前阿瓦德王国（Awadh）首都勒克瑙（Lucknow）被视为圣地。在数世纪以来各代统治者的努力下，这里成为高雅艺术和文化中心。如今，它位于印度古老的新月形地带中心，连接着滨河之城阿格拉与瓦拉纳西。

洛迪在世纪之交占领了阿格拉。在他的统治下，这座城市繁荣富强，有印度斯坦设拉子（Shiraz）[3]的美誉，波斯语也成为宫廷语言。尽管在洛迪移居阿格拉的 1505 年，阿格拉被地震摧毁，不得不进行大规模重建，它的重要性仍然与日俱增。阿格拉不仅因其富庶而闻名于世，也因为杰出的学者、苏菲派圣人和诗人的纷至沓来而欣欣向荣。很快，阿格拉成了政治和文化中心。此后，易卜拉欣·洛迪（Ibrahim Lodi）接替西坎德尔·洛迪，但随着莫卧儿王朝横扫印度北部，他的好日子只是昙花一现。

———————————

[1] Sikandar Lodi，德里苏丹的统治者。德里苏丹国是 13—16 世纪突厥人和阿富汗人的军事贵族在北印度的伊斯兰教区域统治的封建国家的统称，以其建都旧德里得名。1526 年，德里苏丹国被莫卧儿王朝取代。——译者注

[2] Smith, V.A., *Oxford History of India*（third edition）, Clarendon Press, Oxford, 1961, p. 321.

[3] Shiraz，伊朗最古老的城市之一，公元 10 世纪时为波斯首都。——编者注

莫卧儿王朝

莫卧儿王朝统治时期，阿格拉成为世界上最繁荣的城市之一。巴布尔，莫卧儿王朝在印度斯坦的开国君主，曾占领并短暂统治过阿格拉。作为帖木儿的第五代后裔，出生于 1483 年的扎希尔-乌德-丁·穆罕默德·巴布尔（Zahir-ud-din Muhammad Babur）于 11 岁时，在费尔干纳盆地（Fergana）登上王位。尽管他认为撒马尔罕是其合法遗产并企图据为己有，却不得不迁居喀布尔（Kabul）。在他看来，喀布尔虽为弹丸之地，乌兹别克人也对此地虎视眈眈，但帖木儿势力根深蒂固，周围还有不可逾越的高山，因此相对安全。在很长一段时间里，喀布尔都是中亚和印度商贸路线上的一个国际大都市。"从印度斯坦而来的马车商队数以万计，他们带来了奴隶、棉布、精糖和香料。"[①]

从喀布尔开始，巴布尔实施了他入侵印度斯坦的计划。身为帖木儿最重要的后代，他认为他有权为之。1526 年，他一路渡过印度河和旁遮普地区（Punjab）的 5 条河流，在与易卜拉欣·洛迪首次交锋的帕尼帕特战役（Battle of Panipat）中大获全胜。这是印度最具决定性的战役之一，决定了巴布尔和印度斯坦的命运，并为莫卧儿帝国打下了坚实的基础。

根据《巴布尔回忆录》（Baburnama），这是他一生中最令人回味的经历。自年纪轻轻就占领喀布尔以来，他整整等待了 26 年才得到印度斯坦。回忆录里写道，终于，"真主用他伟大的恩典击败并消灭了苏丹易卜拉欣这样的敌人，使我们得以有机会建立一个像印度斯坦这样的王国。印度斯坦……如此古怪，虽城镇密布却没有活水流动，只有大河里有奔流的河水。这些城市依赖于静止的水源而存在，令人不快；房屋没有围墙；人们只能饮用井水或池塘里积蓄的雨水"[②]。

他还详细记载了印度的农业种植模式，这种模式受季风降雨影响。对于需水量不太大的春季作物，农民用老式的水车或水桶灌溉。"在阿格拉、钱德拉（Chandra）和巴

上图：一幅莫卧儿王朝早期的画作，展示了巴布尔在易卜拉欣·洛迪的宫殿里休闲的情景。虽然屋顶上有一个亭子，但这座建筑朴实简单，并无过多装饰。

对页：这幅巴布尔和他朝臣的画像来自《巴布尔回忆录》，由法鲁克·贝格（Farukh Beg）所画，描绘了皇帝对花园的热爱，并将其与宫殿融为一体。

① *Baburnama: Memoirs of Babur Prince and Emperor*, translated, edited and annotated by Wheeler M. Thackston, Oxford University Press in association with the Freer Gallery of Art and Arthur M. Sackler Gallery, New York, 1996 (1504-05) 167-170.

② 出处同上，第 334 页。

耶纳（Bayana），农田是用水桶灌溉的，费力又肮脏。"[1]

　　尽管印度斯坦的炎热和尘暴让人难以忍受，巴布尔乐观地觉得，这是一个"拥有大量黄金和财富的大国"[2]。他认识到，各行各业的工匠和从业者不计其数。他说："对于每一个工人和每一种产品而言，他们的手艺或生意世代相传……仅在阿格拉，每天就有 680 名石匠为我修建宫殿。"[3]

　　巴布尔统治了印度斯坦，却对喀布尔心心念念，并决意建造一个可与那里的惬意生活相媲美的绝美花园。他涉水抵达阿格拉，选择在这里建造他的第一个花园。他对活水的渴望被"亚穆纳河的雪水"[4]浇灭。当他描述印度斯坦的环境和文化时说，"我一直认为印度斯坦的主要弊端之一就是没有活水。任何适宜居住的地方，都应该可以建造水车，引入活水，并规划出几何空间。到达阿格拉仅仅几天之后，我就穿河而过，四处寻找可以建造花园的地方。但当我看到每一个地方都令人不快且荒无人烟时，我不得不带着厌恶的情绪往回走。这个地方是如此丑陋又讨厌，我放弃了创造波斯花园的想法。虽然在阿格拉附近没有真正合适的地方，但除了利用我们现有的空间，别无选择。首先以一口大井为基础，为澡堂供水。第二步，把一块栽有罗望子树（imbli，酸角树）和有八角形蓄水池的小块空地变成大水池和庭院。第三步，在石头建筑以及大厅前修建泳池。最后，在私人花园及其附属建筑完工之后，我建成了澡堂。如此，在令人不悦和失衡的印度，奇妙的规则和几何花园得以引进。花园的各个角落都有精致的小景，种满玫瑰和水仙花。印度有三件事情特别折磨人：一是炎热，二是刺骨的寒风，三是灰尘。但在澡堂，你可以逃避这三大折磨。浴室里没有灰尘和寒风，在炎热的天气里，池水如此清凉甚至让人觉得有点冷。浴室里还有一间用石头砌成的、可以储存温水的房间。除墙裙是白色石头外，房间的地板和天花板都由取材自巴耶纳的红石制成。哈利法（Khalifa）、谢赫·扎恩（Shaykh Zayn）、尤努斯·阿里

---

① *Baburnama: Memoirs of Babur Prince and Emperor*, New York, 1996, p. 333.

② 出处同上，第 351 页。

③ 出处同上，第 351 页。

④ 出处同上，第 359—360 页。

右图：在一个鲜花盛开的花园里，巴布尔坐在宝座上，会见朝臣，接收文书。宝座前面，是波斯花园的中央水池。游动的鸭子、树木和鸟，无不描绘得惟妙惟肖。

（Yunus Ali）以及所有获得河边土地的人，都修建了几何形状的、规划精美的花园和池塘。跟拉合尔（Lahore）和迪帕尔普尔（Dipalpur）的居民一样，他们修建水车以获取活水。印度人从来没有见过这样的规划和如此优雅的布局，他们把这些建筑所在的亚穆纳河一侧，称为喀布尔。"①

目前尚不清楚文献记载中的第一座花园到底在哪里，也不清楚如果阿拉姆花园是巴布尔耗时修建的第一个花园

左图：贾汉吉尔（Jahangir，莫卧儿帝国的第四代皇帝）在波斯花园里享受妻子努尔·贾汉（Nur Jahan）的款待。这幅画显示了莫卧儿王朝的皇帝们是多么喜欢花园。贾汉吉尔在阿格拉修建了许多花园综合体，包括位于阿拉姆花园，后被赏赐给努尔·贾汉的贾汉吉尔亭（Jahangir pavilion）。但他最重要的花园在克什米尔。

右图：这幅画创作于1590年。在一个鲜花盛开的花园里，巴布尔坐在一个低台上，头顶是深红色的矩形华盖，正在迎接乌兹别克斯坦的使节。在他身后是红砂岩建成的城墙，访客通过墙上的小门进入这座坚固的城市。

① *Baburnama: Memoirs of Babur Prince and Emperor*, New York, 1996（1504-05），p. 360.

上图：花果飘香的阿拉姆花园是一项巨大的工程，步道和水渠贯穿整座花园。这一切都是巴布尔在非常短暂的统治期内建成的。

右上、右中：河边城墙一般由塔楼界定。这些塔楼看似用于固定城墙，其实内部也有水井、升降梯以及供水系统，为整个花园综合体提供水源。

下图：贾汉吉尔皇帝后来在河边城墙上加盖了舒适的凉亭等建筑。

和浴室，是否实际上承担了宫廷花园的功能。他在无序的土地上发号施令，把一片混乱炙热、尘土飞扬的地方变成水果丰收、鲜花盛开、清新水润的僻静空间，在浴室（hammams）与地下室（tehkhanas）中享受着专属惬意。当流水在干旱之地给万物带来生机的同时，高墙确保了绝对的隐私。实际上，不管是印度斯坦还是喀布尔，或者是撒马尔罕，贵族们都可以在与世隔绝的地方纵情享受。皇帝建造了他想象中的天堂花园——内化于心、排他于外。

巴布尔发展了传统意义上、带有封闭庭院的波斯花园，同时也在印度斯坦引入了许多应用于其他花园的创新。他提升了河边平台的高度，把它变成一个滨河阳台，从而便于从这里汲取河水再分流至花园。高高的滨河阳台之下是包含好几个房间的浴室，其中主浴室满绘图案花纹。所有房间都与水渠连通，在夏天可以隔离外界的高温，凉爽舒适。据说巴布尔皇帝曾在这里处理政务。而到了冬天，精心设计的加热系统又可以保证热水的供应，给人以愉悦和安抚。

水由一系列波斯水车从河中汲取，再流入划分波斯花

园的水渠和水箱网络中。根据在喀布尔看到的花园式样，巴布尔在他的花园里修建了逐级降低的露台，水流顺阶而下，实用之余令人赏心悦目。由于这一地区大部分是平坦的，因此升高的露台使池水逐级自流成为可能。河水被分流至遍布波斯花园的水渠中，给池水注入活力的同时，也发挥着灌溉系统的作用，层层浸润花园，直到花园尽头的最低处。

就像在中亚一样，高高的花园围墙使花园主人免受大自然的侵扰，也提供了一个完全私密的空间。庞大花园的尽头可以通往宫殿居室，那里有一扇令人印象深刻、镶满铜钉的木门。当皇帝和贵族们乘坐驳船从河边码头抵达此处时，这里是最能匹配皇帝身份的入口，而平民百姓只能使用远处的门洞。要知道，入口的规模可是皇家尊严的象征。

莫卧儿人的生活在漫长而艰苦的战争与极度的奢侈中交替，而巴布尔则在鲜花盛开的古尔阿芙珊花园（Gul Afshan）寻求安宁。莫卧儿花园是他在印度斯坦留下的不朽遗产，在印度斯坦各朝各代的堡垒和宫殿中随处可见。

他的曾孙贾汉吉尔继承了祖先对动植物的热爱，并斥资修建芬芳的花园。1615 年至 1619 年间，贾汉吉尔在阿格拉的河边平台上建造了两个游乐亭，并饰以精美的绘画。他还增建了带有喷泉的蓄水池和平台，从而构建起属于自己的生活方式。"这一天，我去了亚穆纳河边的古尔阿芙珊花园。路上大雨倾盆，草地青葱翠绿。菠萝熟得正好，我仔细地看了又看。河岸高处的每一栋建筑，无不绿意盎然、流水潺潺。"[①]

贾汉吉尔深爱这个花园，对它的喜爱之情仅次于克什米尔。他时常住在这里，并把花园改名为努尔阿芙珊花园（Bagh-I-Nur Afshan），作为封地的一部分赏赐给皇后努尔·贾汉。"周三，我和女士们共同乘船前往努尔阿芙珊

① Crowe, Sylvia, Sheila Haywood, Susan Jellicoe, and Gordon Patterson, *The Gardens of Mughal India*, Vikas Publishing House Pvt Ltd, Delhi, 1973, p. 66.

右图：随着时间的推移，河边修满了高墙和塔楼，连绵不断。皇室贵族受赏得到土地，盖起河岸豪宅与滨河花园。郁郁葱葱的花园里硕果满枝、繁花似锦，水渠和池塘波光粼粼，只有少数幸运者才被允许进入。

此般世外桃源与城里熙熙攘攘的商人、小贩、集市、客栈、宅邸形成鲜明对比。

花园，并夜宿于此。由于这个花园是努尔·贾汉的封地，因此她在周四举办了皇家宴会，并献上了精美的礼物。"[1]

1530 年，胡马雍病重。作为巴布尔人生中最浓墨重彩的记录，据传他举行了一场祭祀，愿意向神灵献出生命以拯救自己的儿子。结果，胡马雍痊愈，巴布尔的健康状况却迅速恶化，并于当年 12 月病逝于阿格拉。他先是被埋葬在附近的花园里，直到 1539 年至 1544 年间，才移葬他深爱的喀布尔。如今巴布尔最初的陵墓乔伯里（Chauburj）只剩下矮墙内的几平方英尺草地，不禁令人悲忆往昔。

巴布尔在阿格拉建造了第一个波斯花园。人们普遍认为阿拉姆花园是印度斯坦第一个真正意义上的波斯花园。著名历史学家埃巴·科赫在她的著作《泰姬陵全景》

修建河滨花园是一项工程壮举。巴布尔在阿拉姆花园引入隔离河水的高墙和极其复杂的抽水系统。这些设施设备最早用于浴室，后来应用于花园。配有这套系统的滨河花园可以从河里抽水，再将水分配至整个花园的各个角落。随着时间推移，抽水系统更加精密复杂。

---

[1] *The Gardens of Mughal India*, Delhi, 1973, p. 66.

上图：这是阿克巴的晚年画像，作于1645年，很可能是他的孙子沙贾汗命人所绘。当阿克巴皇帝去世时，沙贾汗年仅13岁。画中这位皇帝头顶金色光环，站在象征着世界的圆球上，这是莫卧儿时期宫廷艺术品的常见元素，以彰显阿克巴作为莫卧儿皇帝的地位和权力。

右图：这幅画出自记录阿克巴统治的官方历史文献《阿克巴纪要》。画中描绘了阿克巴的母亲马里亚姆·马卡尼（Mariam Makani）正通过水路前往阿格拉。画面中包括皇帝御船在内的其他几艘船只，同样清晰可见。皇家船队的华丽与威仪，展现了皇帝的威望。

中提出巴布尔在阿格拉的第一个花园是查哈花园（Chahar Bagh），或称哈什特比希特花园（Bagh-i-Hasht Bihisht），曾坐落于泰姬陵正对面。如今，花园已了无踪迹。但在他生命的最后一年，巴布尔确实写到他正移驾阿格拉的哈什特比希特。

专门研究莫卧儿花园的学者西尔维娅·克劳威（Sylvia Crowe）认为，阿拉姆花园以及巴布尔为女儿所建的扎哈拉花园（Zahara Bagh），都是原始形态的花园。如今，为了修建高速公路，扎哈拉花园被夷为平地，阿拉姆花园（在18世纪曾被马拉提人改名为Ram Bagh）的水渠也被破坏得支离破碎。历史学家R.纳什（R. Nath）认为，巴布尔曾下令在河对岸大兴土木，并在后宫和花园之间为自己修建了一座石头宫殿。觐见大厅的中央是蓄水池，四角塔楼上各有一间寝宫。在河岸上，他还修建了四柱凉亭乔坎迪（chaukandi）。

巴布尔死后，胡马雍为守护父亲的遗产苦战多年。延续祖先帖木儿和成吉思汗的传统，巴布尔把印度斯坦分封给他的子孙，并要求他们尽全力巩固势力、治理封疆。但胡马雍不像巴布尔那样，对权力和财富充满野心，而这在当时是唯一能够确保生存的筹码。他无法巩固父亲建立的帝国，被迫流亡了15年，直到他重新组建军队，并与波斯国王沙·塔玛斯普（Shah Tahmasp）恢复建交之后，才得以重掌印度斯坦的领地。

在他流亡期间，印度斯坦被舍尔沙（Sher Shah Suri）统治[1]。直到舍尔沙那碌碌无为、不问国事的儿子去世后，胡马雍才被允许回到他位于德里的丁帕纳城堡（Dinpannah）。不久，他就从书房的楼梯上摔倒了，重伤不治而亡。

阿克巴，巴布尔的孙子，在1555年以13岁之龄在印度斯坦登基，成为莫卧儿王朝最年轻的皇帝。与莎士比亚同时代的贾拉勒-乌德-丁·穆罕默德·阿克巴（Jalal-ud-din Muhammad Akbar），在63岁时，也像莎士比亚那样，于生日当天去世。作为印度最伟大的皇帝之一，阿克巴征服并统一了印度斯坦，为如今我们所知的印度奠定了基础。他定都阿格拉，认为它有潜力成为莫卧儿帝国的心脏，并着手重建阿格拉古堡。

---

[1] 阿富汗人舍尔沙在印度北部创建了伊斯兰苏尔王朝。——译者注

وریاضِ آل ارباب اخلاص نضارت یافت و جواحت یافتگان روزگار را مرسم

شایسته پدید آمد

按照波斯宫廷的夸张传统，阿克巴的生活被阿布·法兹尔一丝不苟地记录下来，他所著的《阿克巴纪要》与《阿克巴宪法》（Ain-i-Akbari）至今仍是记录阿克巴皇帝生平最详实的文献。阿布·法兹尔作为一名尽责尽职的史官，被称为"一支散发着真诚气息的笔"[①]。关于阿克巴出生的描述奠定了未来宫廷记录的基调，"皇后感到一阵阵痛，在这吉祥的时刻，人世间的统治者在最独特的光辉中诞生了"[②]。

在阿克巴帝国的鼎盛时期，疆域从喀布尔延伸到孟加拉湾，距离德干地区仅咫尺之遥。他征服了当时最为富庶的王国，管辖的人口数量和欧洲总人口相当。作为一个英明的统治者，阿克巴未雨绸缪，通过联姻以确保边疆稳定，并从邻国获得充足的兵源。阿克巴的后宫曾多达数千人，宗教文化背景多元。19岁时，阿克巴与安布尔（Amber，今之斋浦尔）君主的女儿朱迪哈·白（Jodha Bai）进行政治联姻。此举不仅确保了拉杰普塔纳（Rajputana）地区的和平稳定，也影响了莫卧儿的宫廷文化。后来，他迎娶了另一位拉杰普特（Rajput）贵族女性，以换取拉杰普特族人和军队的忠诚。作为一位深谋远虑的君主，他允许妻子们在寝宫内按照印度教的传统行事。这不仅营造了和谐的后宫环境，还深刻影响了莫卧儿时期阿格拉的建筑风格。

在儿子出生的同时，阿克巴征服了古吉拉特邦（Gujarat），并开始建设新首都法塔赫布尔西格里城。他把古吉拉特邦的艺术工匠带到西格里，由此树立起印度教和伊斯兰教风格融合的建筑和设计典范。这些丰富的建筑群，在规模和野心方面至今无可比拟。法塔赫布尔西格里城的光辉在皇帝的一生里转瞬即逝，很快便因为缺水和交通不便而被废弃。实际上，阿格拉堡位于帝国通途，而西格里则偏居一侧，所以阿格拉才是帝国国库所在，而皇室也因此从未真正离开。

阿克巴统治印度斯坦的据点分别是阿格拉和拉合尔。通过这两处战略要地，阿克巴得以控制他庞大而动荡的帝国。根据早期英国旅行家拉尔夫·费奇（Ralph Fitch）的观察，"以石头建成的阿格拉是一个伟大的城市，人口众多，

对页：胡马雍（左）和阿克巴（右）的后期画像，显示两人并排坐在一起。实际上，这在时代上是错误的。因为胡马雍去世时，阿克巴年仅13岁。尽管年纪尚轻，阿克巴已经开始领军征战。胡马雍亡故之时，他正在卡拉努尔（Kalanur）的战场上浴血奋战。备受胡马雍信任的将军白拉姆·汗（Bairam Khan）拥戴阿克巴成为新王并护送他回到旧德里。

下图：马尔瓦尔王国的君主（左）与安布尔君主（右），1630年。当时，这些拉杰普特君王纷纷把女儿嫁入莫卧儿宫廷，以换取领土安稳，并为无休止的莫卧儿征战提供士兵。由这些联姻带来的文化融合是莫卧儿王朝的重要遗产。

① Gascoigne, B., *The Great Mughals*, Jonathan Cape, London, 1971, p. 99.
② 出处同上，第54页。

下图：乔伯里，巴布尔临时下葬的地方，其实离阿拉姆花园很近。尽管他的遗体后来被运回喀布尔，但乔伯里仍然保持着它的重要性。

上图：在这些宏大的庄园、宫殿和城堡之间，也有不少穷巷陋室。全印度的人都来到莫卧儿王朝伟大的首都谋生，使这里变成了文化的大熔炉。

街道宽广而杂乱。一条大河波涛滚滚，最终汇入孟加拉湾"。他进一步描绘了两个首都，"这两个伟大的城市，都比伦敦的面积大得多，且人口密集"①。

在阿克巴的统治下，拥有 75 万人口的阿格拉繁荣富强。阿布·法兹尔这样描述他对这座城市的第一印象："没有几条河能像流经城市的亚穆纳河那样流量巨大。阿格拉地域辽阔、气候宜人。亚穆纳河流经城内长达 5 科斯（kos）②的地区，两岸遍布令人赏心悦目的别墅和一望无垠的草地。这里五方杂厝，是世界的交通枢纽。国王陛下用红砂石建造了一座旅行者们前所未见的城堡。城堡里的 500 多座石质建筑，皆根据孟加拉和古吉拉特的美丽风格而设计。在那里，手艺精湛的雕塑工匠和奇思妙想的艺术家使这一建筑模式广为流行。当城堡最终落成，一座无与伦比的城市就此诞生。"③ 巴道尼（Badaoni）和尼扎穆丁（Nizamuddin）这两位与阿布·法兹尔同时代的宫廷编年史家，同样记录并证实了这座城市的辉煌与城堡的宏伟。

随着阿格拉的扩张，城里安装了新的排水系统，以适应不断增长的人口。阿富汗人、乌兹别克人和波斯人不远千里前来经商，驿站如雨后春笋般出现在城堡周围。流动士兵们居住的帐篷连成一片，以方便他们随时响应号

① Ralph Fitch in Nath, R., *Agra and its Monumental Glory*, Taraporevala, Bombay, 1977, Contemporary Accounts of the Metropolis of Agra, pp. 12-15.
② kos，印度的长度单位，相当于 1—3 英里不等。1 英里约为 1.6 千米。——译者注
③ Abul Fazl in Nath, R., *Agra and its Monuments*; The Historical Research Documentation Programme, Medieval Character of the City, 1997, pp. 159-162.

左上：阿格拉在阿克巴的统治下欣欣向荣。城里有优雅的庄园和宅邸，以及高达数层的宽阔连廊。尽管面向道路的外墙立面相对简单，但宅邸内部却有许多庭院和凉爽的花园，居住着众多家庭成员和仆人。其规模取决于主人的经济状况和社会地位。

左下、右下：阿格拉有一道护城墙。到了晚上，城门紧闭，没有人可以进出这座城市。这些城门在规模和设计上各有不同，但都令人望而生畏。

下图：阿格拉在阿克巴统治时期繁荣昌盛，拥有人口约75万人。阿布·法兹尔记录了他对这座城市的第一印象："没有几条河能像流经城市的亚穆纳河那样流量巨大。"

一边是繁华喧闹的城市，一边是宏伟的宫殿和滨河庄园，而在河对岸，又有享乐花园。这在当时是一个非常独特的城市规划。

右图：阿格拉城市和郊区最早的地图（绘制于1850年，藏于印度国家档案馆），显示了这座城市的扩张轨迹，远远超过了庄园豪宅和陵墓花园的规模。尽管在17世纪后，印度迁都德里，阿格拉的经济一落千丈，但在最初绘制这张地图之时，它仍是一个重要的城市。

令。制革工人受阿克巴之命来到阿格拉，为军队士兵制作皮鞋，以应对似乎永无休止的征战。裁缝、纺织商、珠宝商为宫廷服务，大市场则为满足庞大流动人口的需求而存在，并为皇家军队、数以百计的大象、战马、园丁、手工匠人和艺术家提供不计其数的物资——这是阿克巴的统治带动的巨大生意。

这座城市的发展突飞猛进。来自全国相同地方的人们通常居住在同一个社区，以保持他们熟悉的人际关系并相互帮助。这些地区通常也是商业区，今天依然如此；其他区域则更像是移民居住区。戈库尔普拉（Gokulpura）、巴卢奇普拉（Baluchpura）或加辛格普拉（Jaisinghpura）是富裕地区，其他地区则以商人或客栈的名字命名，比如罗山·莫哈拉（Roshan Mohalla）或塞思·加利（Seth Gali）。塞布（Saib）集市或洛哈曼迪区（loha mandi），齐纳瑞（kinari）集市甚至今天的纳马克齐曼迪（namak ki mandi）区域，都是当时繁荣贸易的见证。

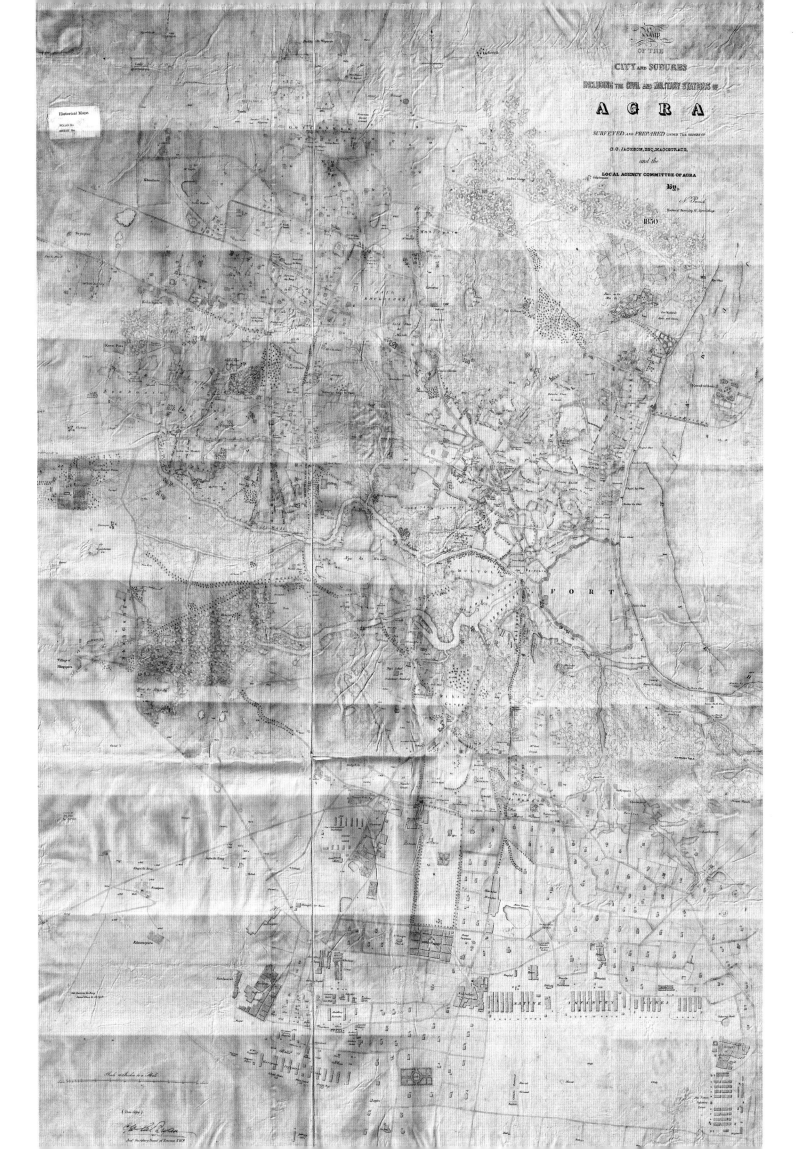

MAP
OF THE
CITY AND SUBURBS
INCLUDING THE CIVIL AND MILITARY STATIONS OF
AGRA
SURVEYED AND PREPARED UNDER THE ORDERS OF
C. C. JACKSON, ESQ., MAGISTRATE,
and the
LOCAL AGENCY COMMITTEE OF AGRA
By,
1850

FORT

亚穆纳河水流湍急，是农业灌溉和交通运输的生命线。在被印度人视为圣水的纯净河水里，莫卧儿王朝的船只穿梭不停。和西坎德尔·洛迪统治时期一样，莫卧儿皇室也主要依靠驳船，沿河道出行。商人和小贩同样通过水路抵达阿格拉。因为在受到皇家保卫的安全水域里，他们遇到盗贼的概率比走乡村陆路小一些。

在阿格拉的入城口，还没到阿拉姆花园的地方，曾有一个名为巴蒂斯坎巴（Batees Khamba）的收费站。通过这个收费站，莫卧儿王朝向往来过客收取高额的通行费，以维持城市运转。商人常常滞留于此，甚至被禁止入城。如果沿河两岸是皇家宫殿和享乐花园，那么巴蒂斯坎巴就是外

对页，下图：在从河边进入阿格拉的入口处，矗立着一座高大的建筑——巴蒂斯坎巴。这原本是一座收费站，控制着进入阿格拉的通路并收取通行费以资国库。巴蒂斯坎巴后面是努尔·贾汉客栈（Nur Jahan serai），旅行者可在此等候入城。二者作为一个整体，控制着城市的咽喉。

来者驻足停留的地方，只有少数人得到入城许可。对于那些不够显赫，无法被这座人口密集的城市所接纳的人，他们可以暂居努尔·贾汉客栈。这里最多能容纳3000个人和500匹马。客栈征收的税金，毫无疑问也充入了国库。

随着莫卧儿王朝声名鹊起，世界各地的旅行者们纷至沓来，涌入阿克巴的宫廷。以阿格拉堡为中心的阿格拉城，成了一个国际大都市。

蒙塞拉特神父（Father Monserrate）有一段关于阿克巴宫廷的著名描述："宫殿范围内，有贵族府邸、弹药库、珍宝库、兵器库、骑兵马厩、药店、理发店以及各种手工艺品的商店。这些房屋由石头建成，石头与石头间并没有使用石灰黏合，而是严丝合缝地拼接在一起，几乎看不到缝隙。石头通体红色，营造出整齐、坚固的视觉效果。如果一切都如阿克巴所愿，阿格拉将成为彰显国王智慧的丰碑。这里拥有附近区域独一无二的优势，温和的气候、肥沃的土地、宽广的河流、美丽的花园、广为人知的美誉以及四英里长、两英里宽的辽阔地带。人类的一切生活需求在这里都可以得到满足，甚至可以买到来自遥远欧洲的进口商品。大量的艺术家、铁匠、金匠聚集于此，珍珠宝石取之不尽，金银财宝用之不竭，来自波斯和鞑靼的宝马数不胜数。这座城市充斥着各色商品，因此阿格拉很少出现粮食供应不足的情况。不仅如此，它的中心地位（它曾位居整个王国的中心）使国王可以很方便地去往四面八方，或召集臣民前来觐见。"[1]

---

① Monserrate, A., *The Commentary of Father Monserrate SJ on His Journey to the Court of Akbar*: translated by J. Hoyland, Oxford, Oxford Unversity Press, 1922, p. 36.

上图、右图：阿格拉堡不是在一代人的时间内建成的。阿克巴皇帝最先重建城堡，后来他的孙子沙贾汗又把白色大理石应用于宫殿和其他宫廷建筑。这些巧夺天工的设计与雕刻细节，无论是规模还是精致程度，都堪称皇帝的不朽遗产。

大部分白色大理石宫殿都拥有河岸景观。从城堡最高处、带有金色穹顶的亭阁望出去，整座城市一览无余。值得一提的是，所有外部建筑都是用红砂岩建造，这或许为日后泰姬陵的风格定下了基调。

阿格拉堡在红砂岩护城墙的衬托下，耀眼夺目。在高约 70 英尺①，绵延长达数英里的城墙外，环绕着与城堡直接相通的护城河。城堡占据着城市的制高点，勾勒出这座城市的天际线。随着每一代皇帝不断为其优雅的建筑增添新的元素，阿格拉堡的卓越与日俱增。它可能是印度重建次数最多的城堡之一。尽管阿格拉堡已经是莫卧儿王朝的皇家城堡了，但阿克巴还是着手进行了大规模的重建，以匹配他的帝国雄风。他仅用了短短 8 年的时间，就在庞大帝国的中心地带，完成了阿格拉堡的重建。高达 350 万卢比的工程造价在当时看来是个天文数字。如今，阿布·法兹尔笔下那 500 余座带有孟加拉和古吉拉特邦设计风格的精美建筑，只有寥寥几座得以保存，但莫卧儿王朝的三代皇帝都为阿格拉堡付出了相当多的心血。

虽然阿克巴皇帝的重建计划在 1556 年便已开始，但阿格拉城堡内的修建一直持续到 17 世纪下半叶的奥朗则布统治时期。奥朗则布可以说是莫卧儿王朝最后一位伟大的君主。贾汉吉尔和沙贾汗也为这座城堡的宏伟做出了贡献。

这个建筑群的风格融合了三代莫卧儿皇帝的审美品位，令人印象深刻又极其罕见。在这片被他们征服的土地上，三位皇帝的设计美学深受其影响。其中，沙贾汗把阿格拉堡从阿克巴时期壁垒森严的红砂岩城堡，转变为精雕细琢的大理石建筑，选用来自远方的材料装饰这些华丽的宫殿与清真寺。至此阶段，莫卧儿王朝的建筑师已经熟练掌握了印度已有的大量技术，以及在莫卧儿时期新兴的建筑手段。如果说雄伟的红砂岩建筑是阿克巴帝国伟业的证明，那沙贾汗修建的白色大理石建筑则是优雅的代名词。这其中的转变，标志着莫卧儿建筑开始具有精神和世俗的双重象征。

城墙城垛有内外两层檐墙、狭长的垛口以及射箭孔，可谓固若金汤。在面向城市领地的那一侧，还有一条护城河，河上有吊桥可通往城堡西门德里门（Delhi Gate）。门上绘有大象向神话中的野兽投降的场景。这是融合主义的绝佳例证，其门板上绘制了一只征服大象的带翼神兽，拥有马的脖子和耳朵，狮子的腿和尾巴，以及大象的牙齿和躯干，让人联想到亚述神话里的怪兽格里芬（griffin，狮身

① 1 英尺约为 30 厘米。——编者注

对页：这幅罕见的画作具有典型的"公司学院派"（Company School）*风格，由印度艺术家为东印度公司的雇员所作。画面描绘了阿格拉堡在被 1857 年的起义摧毁前的样子。我们可以清楚地看到城堡规模宏大，层次分明，从外部的公共建筑到河边更为私密的皇室空间，不一而足。这幅画还提供了一个从城堡跨越护城河，眺望河边花园的视角。

* Company School，1858 年印度沦为英国殖民地之后，英国的学院派艺术风格在印度被奉为正统。为迎合在印度的英国人，多为东印度公司员工的审美，"公司学院派"兴起，成为英国与印度风格融合的艺术流派。——译者注

下图、底图：在护城河的环绕下，城堡外部防御工事的规模令人望而生畏。这座城堡挺拔高耸，城墙边有两道防御工事，这种设计使城堡几乎牢不可破。

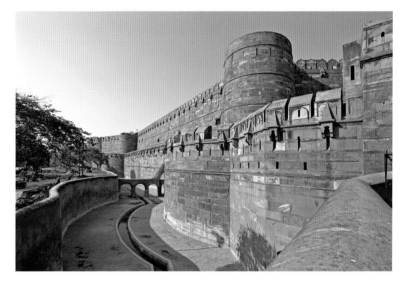

右图、最右、下图：沙贾汗对
阿格拉堡贡献巨大。他重建了
皇家建筑，在皇室空间和世俗
空间之间划分明确的界限，把
阿克巴时代的红砂岩建筑变为
白色大理石建筑。这种变化标
志着精神与世俗的融合。

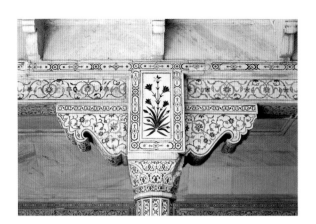

精心设计的结构，墙面上镶嵌的宝石和半宝石以及巧夺天工的大理石雕刻（同样可见底部右图），所有这些都使阿格拉堡里的宫殿卓越超群。

鹰首兽），但又有印度图像志里怪物的影子，象征着帝国坚不可摧的力量。

宏伟的象门（Hathi Pol）是进入阿格拉堡的第二个入口。在象门门口曾有两头巨大的红砂岩大象雕塑。后来，竭力想抹去印度文化印迹的奥朗则布将其摧毁。

阿克巴门（Akbari Gate）在沙贾汗时期被改名为阿玛尔·辛格门（Amar Singh Gate），由两名巴比肯人驻守。此门高大雄伟，层层叠叠，给人一种比实际规模大得多的错觉。

河边还曾有一道水门（Khizri Gate），可通往码头与河岸阶梯。但随着河流改道，这些都消失在时间的长河中。

城堡的内部如同一座规模宏大的城市。建筑按等级制度分布在道路两侧。皇家寝宫的私密性最佳，贵族住宅次之，而下级官员和军队则居住在城堡外围。

在城堡的城墙上，可以看到城堡与护城河之间的平地。那里举行的斗象是阿克巴大帝最喜欢的运动之一。据说他饲养了6000多头大象，其中101头是他的私人坐骑，每头象有5个人照顾。仅从此一项，我们便可推断出当时城堡里人口众多。

沙贾汗以精密的布局重建觐见大厅。大厅的柱子排列巧妙，人臣们可以从任何角度，而不仅仅是正面接近王座，视线毫无阻挡。大厅中央有一个凸起的平台，上面曾放置着沙贾汗为自己打造的孔雀王座（Takht-e-Taus）。这个传说中的宝座极尽炫耀之能事，镶嵌着包括科依诺尔（Kohinoor）钻石和巴布尔钻石在内的奇珍异宝。

孔雀王座的财富传奇令人浮想联翩。宝座耗时7年，费资1000万卢比才得以建成。由50千克黄金打造的台座上有11个用于放置椅垫的壁龛状凹陷，上面镶满了珠宝。1655年，造访沙贾汗皇宫的法国旅行者塔维尼尔（Tavernier）描述说，"孔雀宝座呈长方形，长6英尺，宽4英尺，像一张行军床。宝座有四条高约25英寸[①]的粗壮椅腿，上面是由12根柱子撑起的一个拱形华盖……一只黄金孔雀的尾巴高高翘起，全身满嵌蓝宝石和其他彩色宝石，硕大的红宝石点缀于胸前，上面挂着一颗大约50克拉的梨形珍珠"[②]。

---

① 1英寸约为2.5厘米。——编者注

② J.B. Tavernier in Preston, D. and M., *A Teardrop on the Cheek of Time*, Doubleday, London, 2007, p.139.

次页：印度考古调查局在20世纪早期绘制的城堡详图，是记录阿格拉堡建筑情况的绝佳档案。

SCALE

Mosheeroddeen Draftsman

CAN

AGRA FORT

VATION

GH

DIWAN·I·KHAS. AGRA FORT

DETAIL OF CARVED FLOOR SCREEN IN WHITE MARBLE.

在皇帝宝座的后面，是"哈斯宫"（Khas Mahal），宫廷仕女们可透过精致的雕花屏风观看宫廷事务。这座装饰华丽的亭阁，精心镶嵌着各色宝石，通过后面的阳台和屏风墙可以俯瞰亚穆纳河。这是沙贾汗皇帝的私人寝殿，有三个河景亭阁和一个喷泉庭院。中间的亭阁供皇帝使用，装饰有尖顶拱门，糅合了波斯和印度的设计风格与装饰艺术。两侧的亭阁为女士专用，带有孟加拉风格的镀金穹顶，以及一些精美的小壁龛。这些壁龛非常狭窄，只有女人才能伸手进去，把珠宝首饰藏在里面。从这些亭子望出去，是以大量葡萄纹雕刻而闻名的安格里花园（Angoori Bagh），又称葡萄花园。

受克什米尔花园的启发，安格里花园是典型的波斯花园。值得注意的还有玛奇巴哈旺庭院（Macchi Bhavan）。这个带有喷泉和鱼池的享乐花园专为后宫娱乐而设计。

旁边的镜宫（Sheesh Mahal），有两个通体镶嵌云母马

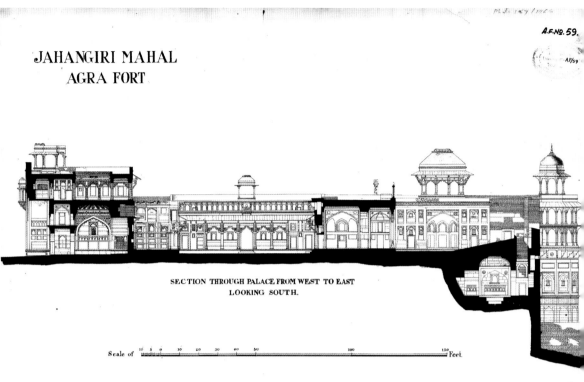

SECTION THROUGH PALACE FROM WEST TO EAST
LOOKING SOUTH.

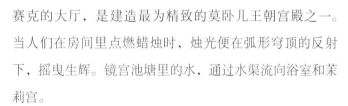

Scale of　Feet.

赛克的大厅，是建造最为精致的莫卧儿王朝宫殿之一。当人们在房间里点燃蜡烛时，烛光便在弧形穹顶的反射下，摇曳生辉。镜宫池塘里的水，通过水渠流向浴室和茉莉宫。

　　茉莉宫是沙贾汗在城堡上加盖的塔楼。塔楼呈八角形，由大理石建成，顶部有一座通透的凉亭。凉亭中间是一个莲花造型的喷泉池，雕工华丽且镶满了珍贵的半宝石，其大理石穹顶曾涂有金漆。精雕细刻的大理石屏风看上去似乎是双层的，环绕着整个建筑的外围。就是在这里，沙贾汗作为儿子的囚徒，在女儿的照料下，远眺心爱的泰姬陵，度过了人生中最后的日子。

　　在皇家宫殿和军事设施旁修建清真寺，被认为是制衡权力的关键。莫迪清真寺（Moti Masjid）位于觐见大厅之外的城堡中心，其圆顶高高耸立，是整个阿格拉堡的最高点。纳金清真寺（Nagina Masjid），亦称宝石清真寺，是沙贾汗专为宫廷仕女修建的；而精致小巧的米娜清真寺（Mina Masjid），则是奥朗则布为沙贾汗修建的[①]。

　　阿克巴于1605年去世后，他的继任者贾汉吉尔把宫

精心绘制的图纸、剖面图和立面图清楚地显示了施工系统的复杂性，以及在相对较短时间内所完成的巨大工程量。

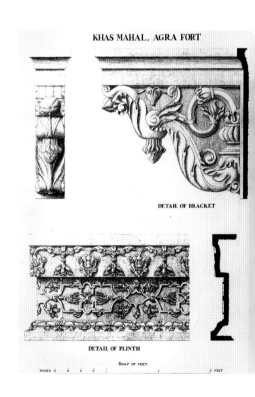

KHAS MAHAL, AGRA FORT

DETAIL OF BRACKET

DETAIL OF PLINTH

SCALE OF FEET

① 按，米娜清真寺实为沙贾汗所建。沙贾汗被奥朗则布囚禁期间，曾使用此清真寺。——编者注

下图：剖面图展示了莫迪清真寺穹顶的不同构造，虽然该建筑有着沉重的石制结构，但从这些图可以看出建筑较低部分的精美细节。

廷迁往拉合尔，并在常驻地克什米尔修建了充满异域风情的享乐花园。贾汉吉尔是阿克巴丰功伟业的受益者，在其统治期间，帝国总体上处于和平之中。与常年受征战所累的阿克巴时代不同，贾汉吉尔的时代是一个相对轻松的时代，使他得以纵情享受生活。虽然他声称拥有阿格拉堡，并开发了河边花园，但阿格拉的重要性在他儿子沙贾汗的统治下才达到巅峰。

在贾汉吉尔统治时期，阿格拉的城市规划基本定型。城中有几层楼高的优雅豪宅、中心广场和好几个波斯花园。可容纳大量家庭成员和奴仆的房屋外观则相对简单。

大一点的房屋有供马匹甚至大象居住的马厩。阿格拉的豪宅通常是贵族和富豪的居所，修建于亚穆纳河东岸，正对着享乐花园。东印度公司（East India Company）员工约翰·乔丹（John Jourdain）在1610年造访阿格拉时，曾在

右图：莫迪清真寺是沙贾汗修建的私人清真寺。建筑整体为明亮的白色大理石，高高在上的穹顶闪闪发光，只有他的直系亲属才能进入。

右下：这幅图是清真寺的中庭规划图，其剖面图展示了精心设计的外观，很好地证明了波斯设计对莫卧儿艺术和建筑表现的影响。

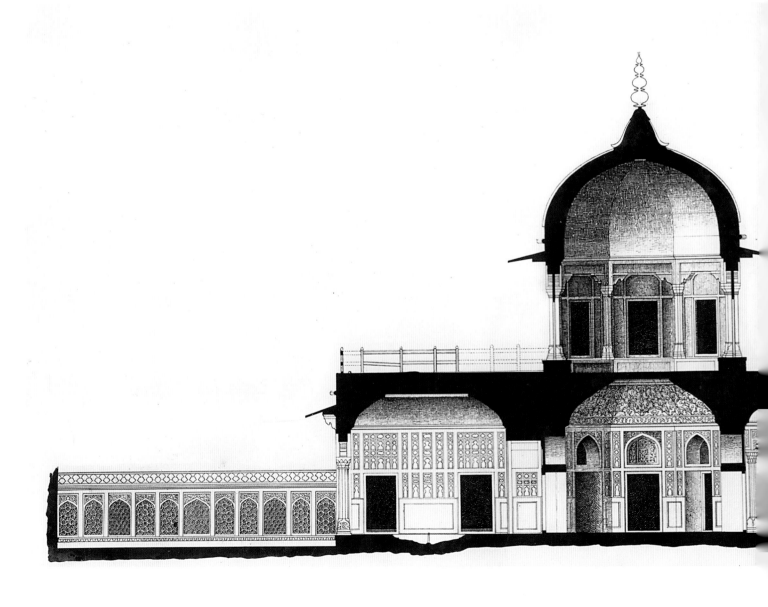

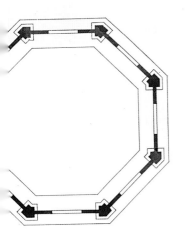

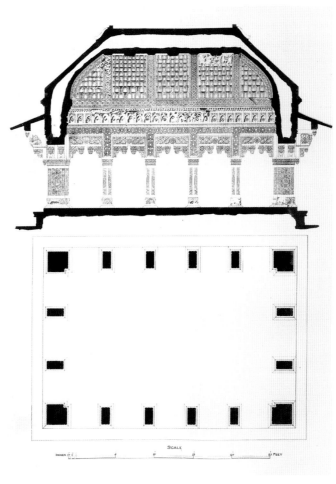

次页：这幅阿格拉堡的鸟瞰图，从不同层次呈现了城堡生活的全景。画面底部的城堡外，一场斗象正在进行。沙贾汗也许正坐在城墙上的大理石外阳台（jharokha）^A里，欣赏这一最爱的运动。画面右侧，宫殿里安置着不少遮阳棚，露天庭院也都投入使用。远处是皇帝的私人清真寺——莫迪清真寺。在建筑群内部有一支骆驼队，也许是某个与莫卧儿王朝联姻的拉杰普特统治者派来的。城堡四周，士兵正在列队巡逻，保卫皇帝的首都。而在正门外，一支由步兵和大象组成的军队可能刚从战场上返回，或正在为新的战斗做准备。

* jharokha，从建筑外墙挑出的封闭式阳台，常见于拉贾斯坦邦建筑。——译者注

日记中写道，这座城市的名声"远远大于开罗……这里有来自世界各地的旅行者，有人们渴望的一切。城中人口众多，街道的密集程度和我们国家的市集差不多，以至当你在街上骑行时，需要有一两个男人为你开道。这个城市与世界各地通商，金钱流通于印度、波斯和阿勒颇（Aleppo）的所有地方"[①]。

1610年，靛蓝染料商人威廉·芬奇（William Finch）来到阿格拉。在他对这座城市的珍贵记录中，他写道，阿格拉"广阔无垠，人口众多，你几乎很难在街上穿行，因为大部分地方都又脏又窄，只有大巴扎（great bazaar，意为集市）和少数几个地方还算宽阔通畅。城市呈半月状，朝陆地方向延伸约5科斯长。从遍布河岸的贵族豪宅里，可以愉悦地遥望双子星座，看那满天星斗从北向南又稍稍往东，坠入恒河。河岸边矗立着一座城堡，这是东方最精美绝伦、最引人入胜的建筑之一。城堡方圆约三四英里，有坚固的方石构成的围墙。城堡周围是一条壕沟，上面横跨着几座索桥，通往广袤的郊区。城市和郊区之间只有一条长7英里、宽3英里的道路相连。贵族和商人的房屋为砖石构造，屋顶平坦，常以淤泥裹以茅草做墙，因此频频发生严重的火灾。城市有6道门。旁边的河流比伦敦泰晤士河还要宽广，河里船只众多，有些载货量达上百吨，但这些船只能在涨潮时通行。绝大多数贵族的房屋都建在河边"[②]。

阿克巴统治期间，没落的波斯贵族米尔扎·吉亚斯·贝格（Mirza Ghiyas Beg），离开家乡伊斯法罕（Isfahan，伊朗中部城市），前往印度斯坦寻求财富。在家人，包括怀孕妻子的陪伴下，他一路翻山越岭。1577年，他们经过坎大哈时，妻子诞下了女儿，取名为梅赫鲁尼萨（Meherunissa），意为普照女性的光芒。当吉亚斯·贝格出现在阿克巴宫廷时，皇帝对他颇为欣赏。在任职宫廷20年后，阿克巴就任命他为守卫阿格拉堡皇家建筑的长官。后来，他和当时的所有贵族一样，在河边建造了一座与其身份地位相当的豪宅和花园。

贝格的女儿梅赫鲁尼萨和他一起住在阿格拉，尽管

① Nicoll, F., *Shah Jahan: The Rise and Fall of the Mughal Emperor*, Penguin Viking, New Delhi, 2009, p. 33.

② William Finch in Nath, R., *Agra and its Monumental Glory*, op. cit., pp. 12-15.

上图：大理石屏风体现了印度伟大的手工艺传统。这种建筑工艺既满足了闺房（zenanas）的实用功能，又带有纯粹的美学效果。

左图：印度的形象与这座纪念碑联系紧密，它的宏伟壮观和精致细节，都代表了印度。如今，人们对泰姬陵进行着细致深入的研究，而它所面对的变化正来自这座城市。在沙贾汗迁都德里后不久，这些变化就永远地改变了阿格拉。

AMMAN BURJ.AGRA FORT

CARVED PANEL OVER CENTRAL. DOORWAY

上图、对页：19世纪工程师和档案保管员记录下的大量细节，精确描绘了茉莉宫的镶嵌技巧和雕刻工艺，反映了沙贾汗宫殿的重要性。

右上：贾汉吉尔宫殿（Jahangir Mahal）体现了文化与建筑的融合，这是阿克巴建筑风格的根本特点。贾汉吉尔和沙贾汗先后重建了这座城堡，使它更为宏伟壮丽。这个建筑群最令人印象深刻的是数代莫卧儿皇帝不同审美的罕见融合，而他们的审美又深受所征服土地的影响。

左图：阿格拉堡的独特之处在于巨大的红砂岩防护墙。墙体高约 70 英尺，周长 1.5 英里，被护城河环绕。堡垒高高在上，定义了这座城市的天际线。随着每一代皇帝不断为其优雅的建筑增添新的元素，阿格拉堡的卓越性与日俱增。它的城门入口尤其规模宏大，并经历了持续不断的扩建。

她早年曾有过一次婚姻，但贾汉吉尔对她非常痴迷，于是在 1611 年，以盛大的典礼迎娶了她，并赐名努尔·贾汉（Nur Jahan），意为世界之光。次年，吉亚斯·贝格迎来了孙女阿姬曼·芭奴（Arjumand Banu）的大婚。这位受人尊敬的贵族小姐，就是未来的沙贾汗的妻子，传奇的慕塔芝·玛哈——宫廷的天选之人。努尔·贾汉和慕塔芝·玛哈将成为莫卧儿帝国最有权势的女性。

吉亚斯·贝格现在的称号是伊蒂穆德-乌德-陶拉（Itimad-ud-Daulah），因为女儿努尔·贾汉——贾汉吉尔的

SAMMAN BURJ, AGRA FORT

DETAIL OF INLAID BRACKETS

SAMMAN BURJ, AGRA FORT

SAMMAN BURJ, AGRA FORT

SCALE OF   FEET

DETAIL OF INLAID PANELS

DETAIL OF INLAID COLUMN WITH CAPITAL & BASE

妻子和印度斯坦皇后的关系，官至宰相，重权在握。后来，他的儿子阿萨夫·汗（Asaf Khan），也就是慕塔芝·玛哈的父亲，因为是沙贾汗的岳父，也开始和他平起平坐。妻子去世后不久，伊蒂穆德－乌德－陶拉也于1622年去世，令贾汉吉尔和努尔·贾汉悲痛不已。此时贾汉吉尔沉迷于酒精和鸦片多年，身体虚弱不堪，决定迁居最爱的克什米尔山谷，在他的避世花园里寻求安宁。1627年，58岁的贾汉吉尔在山谷中打猎时发生事故。短短数天后，他在距离帝国大干道几百码之外的一个商队客栈里，离开人世。死后，他的遗体被带往拉合尔安葬。

伊蒂穆德－乌德－陶拉

　　在贾汉吉尔去世之时，努尔·贾汉已经开始了一项虔诚的事业。她的投入将造就印度斯坦最好的陵墓之一，并对未来的泰姬陵产生重大影响，其影响力甚至超过了优雅的锡坎德拉（Sikandra）——一座由阿克巴设计、贾汉吉尔

对页：贾汉吉尔坐在王位上，阿萨夫·汗（右二）和他的儿子沙斯塔·汗（右一）站在其面前。在贾汉吉尔的时代，阿萨夫·汗的父亲伊蒂穆德－乌德－陶拉是位高权重的宰相。后来阿萨夫·汗，作为慕塔芝·玛哈的父亲，也成为沙贾汗的朝中重臣。

左上：贾汉吉尔宫廷中的贵族画像，这被认为是17世纪早期的作品。

右上：贾汉吉尔的妻子，印度皇后努尔·贾汉，被誉为世界之光，对国家事务有着巨大的影响力，并控制着贸易和商业。在这幅肖像画中，她佩戴着相对朴素的珠宝，有着和皇帝几乎一样的头饰，手里拿着一杯酒。

下图、对页：贾汉吉尔死后，努尔·贾汉致力于为她的父亲，同时也是印度斯坦宰相的吉亚斯·贝格，或称伊蒂穆德-乌德-陶拉修建陵墓。这可能是当时印度斯坦最好的陵墓，对后来建造泰姬陵意义深远，其影响力甚至超过了阿克巴大帝的锡坎德拉陵。伊蒂穆德-乌德-陶拉去世时，他为妻子兴建的陵墓尚未完工。因此努尔·贾汉的使命就是为她的双亲完成这座纪念碑。

伊蒂穆德-乌德-陶拉陵（人称小泰姬陵）通体镶嵌石材，营造出在那个时代极为罕见的华丽外表。这种石材来自遥远的贾沙梅尔（Jaisalmer，印度北部沙漠城市）。室内精美的镶嵌和绘画的充分结合，体现了吉亚斯·贝格的波斯血统以及他带给贾汉吉尔王朝的影响。

装饰以荣耀父王的陵墓。这也预示着她在印度斯坦强大统治的终结，因为她的哥哥阿萨夫·汗及其女婿沙贾汗开始掌权。

为了纪念她的父亲——印度斯坦最后一任波斯宰相，努尔·贾汉把父亲的享乐花园改建为陵墓。陵墓坐落于亚穆纳河畔，几乎正对阿格拉堡。从优雅的陵墓就可看出，伊蒂穆德-乌德-陶拉对贾汉吉尔和沙贾汗的影响是巨大的，并推动了波斯风格融入宫廷文化。比伊蒂穆德-乌德-陶拉先行离世的妻子，被埋葬在陵墓中央，他后来则被安葬在旁边。这或许是泰姬陵遵循的一个礼仪先例。

花园四周有高墙环绕，西侧临河的一面，有一个坐落在挑高露台上的雅致亭阁。亚穆纳河沿着原始河道顺流而过，河中挤满了贵族甚至皇帝的船只。河边的亭子装饰华

丽，镶嵌着风格独特的玻璃水瓶和酒杯纹样。在这里度过一晚自然轻松而又愉悦，即便将其改为陵墓建筑，这些细节也保留了下来。

这座位于波斯花园中心的陵墓刚好在水渠的交汇处，水渠通往广场四周的建筑，主层以下是贝格家族的棺椁，地面是衣冠冢①。这座陵墓的特别之处在于大理石和镶嵌工艺的使用。从朴实无华的红砂岩建筑，转变为大理石镶嵌的、更加奢华的建筑，可以说是莫卧儿建筑风格的全新尝试。

选择大理石包裹建筑表面，这并不是首创。因为加德满都的侯尚·沙（Hoshang Shah）墓就是以白色大理石建造的。但伊蒂穆德-乌德-陶拉陵墓更加优雅，以硬石镶嵌（pietra dura）②的技法装饰得更加华丽。"墙壁上镶嵌着几何图案和流动线条。拱肩凹处满布阿拉伯图案，而这些拱肩构成了建筑的门道与几何网格窗。上部墙面镶嵌有护墙板，既有精致的雕刻镂空，也描绘有柏树、酒杯、水壶和花瓶，这些都是象征庆祝和快乐的图案。墓室顶部则饰以镂空彩绘和镀金灰泥。衣冠冢是用一种名为'khattu'的金色大理石砌成的。"③斑驳的阳光从镂空的大理石格窗照进来，使室内温暖柔和，更显出设计的层次感与协调性。事实上，正是这种和谐，使伊蒂穆德-乌德-陶拉陵墓成为努尔·贾汉最永恒的遗产。

曾经，阿格拉的滨河地带至少有44个花园；如今大部分已不复存在，只有那些被改为陵墓的花园被保留了下来。其中，最值得关注的一个花园遗迹是17世纪冒险家、文学家阿夫扎尔·汗（Afzal Khan）的陵墓。阿夫扎尔·汗来自设拉子，原名为舒库鲁拉（Shukrullah），后通过苏拉特（Surat）盆地来到布兰普尔（Burhanpur，印度中央邦西南部城市），在那里服侍过贾汉吉尔，并被赐名阿拉米-希拉齐（Allami as-Shirazi，意为来自设拉子的智者）。作为一个成功的朝臣，他在沙贾汗时期仍深受重用，成为迪万-伊库尔（Diwan-i-Kul），即财政部长。

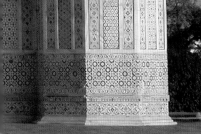

① 陵墓地面供人凭吊的棺冢一般为衣冠冢，真正埋葬死者的棺椁则安置在地窖或者地宫中。——编者注

② pietra dura，硬石镶嵌工艺，南亚的传统建筑装饰手法，采用精致切割、抛光的彩色碎宝石进行拼接镶嵌。——译者注

③ Lall, J. and D.N. Dube, *Taj Mahal and the Glory of Mughal Agra*, Lustre Press, Varanasi, 1982, p. 96.

次页：伊蒂穆德-乌德-陶拉陵墓的天花板和建筑的其他部分一样精致。这些图案由半宝石碎块拼制而成，至今仍熠熠生辉。

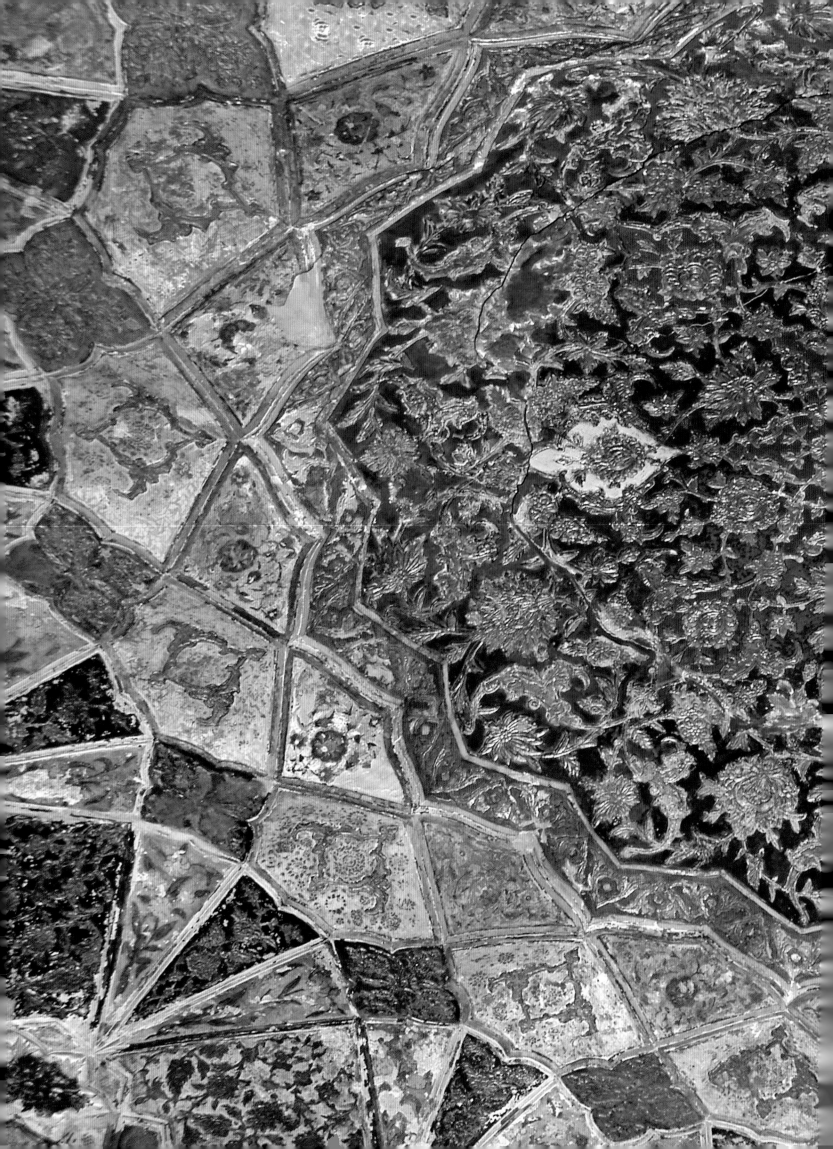

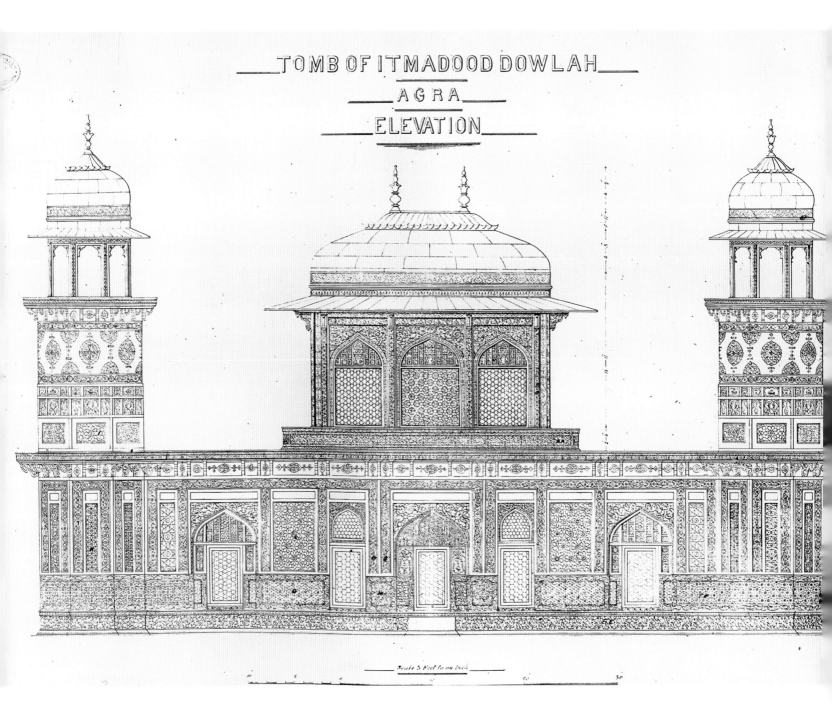

TOMB OF ITMADOOD DOWLAH

AGRA

ELEVATION

Scale 5 Feet to an Inch

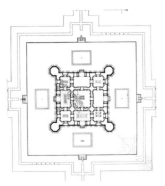

本页、对页：19世纪早期英国工程师绘制的阿格拉遗迹详图，包括伊蒂穆德-乌德-陶拉陵和泰姬陵等，对于今天的研究者而言，可谓无价之宝，为新的工作设立了标杆。

第84—85页：伊蒂穆德-乌德-陶拉陵墓的外观图是印度考古调查局最佳的图像档案之一。每一个细节都被明显地标注出来，有的还别具创意。例如外立面上呈现出更加明艳的红蓝两色，而不是天然石材优雅柔和的色调。

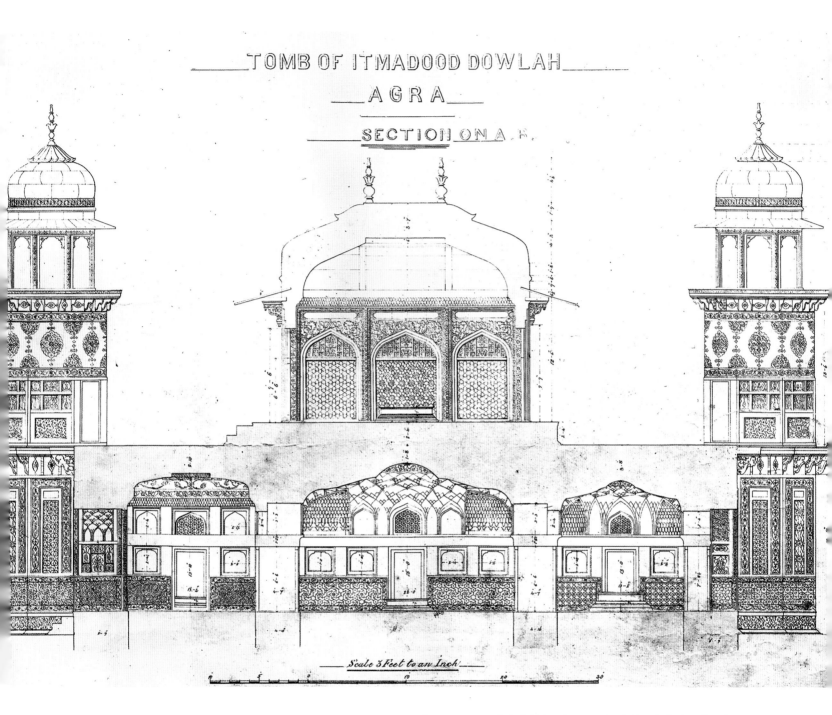

TOMB OF ITMADOOD DOWLAH
AGRA
SECTION ON A.B.

Scale 3 Feet to an Inch

第86—87页：墓室呈方形，内置宰相及其妻子的衣冠冢。衣冠冢由罕见的金色大理石制成，上层为墓碑。这座陵墓的特色在于大理石的应用及其镶嵌装饰。

人们认为，此墓是从雄浑古朴的红砂岩建筑向奢侈华丽的大理石建筑过渡的标志，开创了一种新的莫卧儿建筑风格。

IT. NO. 17.

IT. 17.

希拉齐是一个品位高雅的贵族，他把诗歌、天文学、数学引入宫廷，受到沙贾汗的高度尊重。他的陵墓位于阿格拉的心脏地带，反映了他在贵族阶层中的显赫地位。这里后来被称为齐尼卡墓（Chini ka Rauza，也称诗人墓），其独特之处在于它与河流的相对角度，明显不同于古典墓园的传统布局和莫卧儿花园的对称性结构。实际上，陵墓朝向圣城麦加，更符合伊斯兰教义的正统设计。

这座陵墓曾位于一个带围墙的波斯花园中央，但现在花园只有河边的塔楼还在。它呈简单的长方形结构，有着苏丹风格的穹顶和微微向上突出的皮西塔克（入口门面）。在部分隐藏的穹顶之下，隐约能看到传统哈什特比希特的建筑规划，以中心墓室为中心环绕着8个房间。陵墓的四面都有一个大的入口门面，细小的柱子矗立在角落，像宣礼塔一般。当棺椁被放置于拱形墓穴的平台上后，墓穴即被封闭。

这座陵墓的特色在于其表面覆盖着彩色的马赛克花纹，上面有盛开的花朵图案和阿拉伯书法纹样。这种瓷砖工艺常见于波斯建筑以及沙贾汗在拉合尔的建筑。也许正是这种瓷砖的大量使用，因此它才有了一个通俗的名字——齐尼卡墓。阿夫扎尔·汗于1639年去世，享年70岁，据说这座陵墓乃是他亲自设计修建的。这座陵墓内部的拱形天花板，曾以灰泥为底，绘有精致花纹，如今我们只能隐约看到它昔日的优雅风采。

世界之王沙贾汗，生于木星和金星相遇之时，被占星家们视为祥瑞之征兆。在他之前，第一个在出生时出现这种吉祥天象的人是他的祖先——帖木儿，因此沙贾汗也被视为真命天子。沙贾汗36岁时，通过争斗继承了皇位。

顶图、上图、右下：舒库鲁拉，波斯裔伊朗贵族。他于1608年离开家乡设拉子，进入贾汉吉尔的宫廷，并被赐名阿拉米–希拉齐。他的墓园齐尼卡墓在阿格拉亚穆纳河畔的众多建筑中别具一格，因为它朝向麦加而不是河边，反映了陵墓规划中的虔诚之心。

对页：诗人墓的内部装饰和外立面一样富丽堂皇。壁画使高高的穹顶更显丰富。建筑的独特之处不仅仅在于其瓷砖装饰工艺，还在于它使用了带有苏丹建筑风格的、更加简单的拱券和穹顶。

左图、下图：这座陵墓别具匠心之处，在于外立面覆盖着色彩斑斓的马赛克，呈现出枝蔓茂盛的花朵图案以及阿拉伯书法纹样。这种瓷砖工艺是典型的波斯建筑风格，常以花卉植物和字母做纹样，也见于沙贾汉在拉合尔修建的建筑中。

对页：1922年的洪水严重破坏了诗人墓。它的整个外立面被冲垮，只剩下外墓室暴露在风雨中。

他信奉所谓的帖木儿王朝文化，残忍地对待手足同胞。他甚至派出使者传递这样的信息："在这个天公不宁、大地动荡的时候，达瓦尔·巴克什（Dawar Baksh）和其他王子被放逐至荒原，其实是好事。"[1]沙贾汗把所有可能的反对者"都赶出这个世界"[2]，从而确保能稳坐皇位。

他统治的疆域广袤无垠，包括喀布尔和孟加拉在内的整个印度斯坦，南部远至高韦里河（Kaveri）。他希望这将是一个和平且繁荣的时代。荷尔斯泰因公爵（Duke of Holstein）麾下的特使曼德尔斯洛（Mandelslo）于1633年出访莫斯科大公和波斯国王。他关于这座城市的早期描述提到，这是印度斯坦最为高贵的城市之一，莫卧儿人对此地情有独钟。这里的街道宽阔通畅，有些坡道长达一英里。街区和街道根据贸易功能划分，各行各业都有自己的专属分区。他认为这里至少有80家供外国商人居住的旅馆，有些高达三层，配备仓库、马厩以及住宿设施。全城70多座宏伟的清真寺以及800多个私人或公共浴室使这座城市更加气势恢宏。然而，尽管当时泰姬陵正在兴建，在他的记录中却没有提及。

他看到了许多皇亲贵族的宫殿，其中最重要的，是由护城河与索桥防御的皇宫。据权威数据估计，皇宫里珍藏的财富价值超过15亿克朗，约合3亿多英镑。曼德尔斯洛进一步写道，当时的阿格拉人口极为密集，在必要的时候，可以轻易组织一支20万人的军队。他认为整个东方世界都和阿格拉有贸易往来，也就是说没有一个东方国家不在阿格拉做生意，而所有进出阿格拉的货物都要征收10%的赋税。

1659年至1665年间，担任莫卧儿宫廷御医的弗朗索瓦·伯尼尔（François Bernier）曾写道："自阿克巴修建并将其命名为阿克巴拉巴德（Akbarabad）以来，阿格拉日渐成为印度君王最为中意且居住时间最长的地方。它的城市密度超过德里，城里有大量王公贵族（omrah，宫廷里的穆斯林贵族）的宅邸，以及属于个人的砖石良宅。阿格拉还有两座著名的陵墓……不过，阿格拉没有城墙，在某些方面不如其他都城。由于没有遵循任何已有的规划范式，

对页：沙贾汗站在地球之巅，显示了他作为世界之王至高无上的地位。来自天堂的华盖和皇冠，进一步强化了他的地位。这是精神与世俗的完整融合。

上图：库拉姆（Khurram，沙贾汗原名），公元1615年，在成为世界之王之前的样子。

[1] Nicoll, F., op. cit., p. 155.

[2] Preston, D. and M., op. cit., p. 126.

沙贾汗在阿格拉堡里修建的宫殿都采用纯白大理石建造，圆顶镀金，矗立在巨大的红砂岩防御工事上。沙贾汗把这种兼具精致和高贵的风格引入阿格拉堡，改造了阿克巴皇帝壁垒森严的红砂岩宫殿。高大堡垒城墙与精美镀金穹顶之间的平衡，是沙贾汗的建筑独树一帜的原因。

阿格拉追求的是统一而宽阔的街道，这与德里截然不同。有那么四五条长长的街道以商业为主，房屋也还算不错；但其他街道都又短又窄，曲折蜿蜒，七拐八弯。因此当皇室驾临阿格拉时，经常会引起莫名其妙的混乱。"①

那是一个和平的年代，国王统治着整个印度斯坦，阿格拉如日中天。到目前为止，城市的滨河地带已经发展成熟。它的制高点是阿格拉堡，沙贾汗的白色大理石圆形屋顶高高在上。但整体来看，这座城市已经以指数级的速度，发展成为一个复杂的城市枢纽。河边遍布纯粹用作享乐的花园，而在堡垒一侧，则是鳞次栉比的豪宅庄园。这些房屋和花园由皇帝赏赐给贵族，彰显着权力与荣宠。

沙贾汗最重要的遗产无疑是那些前所未见的非凡建筑，它们兼具庞大的规模和优雅的气度。他修建了陵墓、宫殿、花园，并在全国各地修葺装饰祖先的陵墓。他不计代价，以确保父王贾汉吉尔在拉合尔的优雅陵墓能够完工。他为巴布尔大帝在喀布尔的陵墓装上大理石格窗。在

---

① Francois Bernier in Nath, R., *Agra and its Monumental Glory*, op.cit., p. 15.

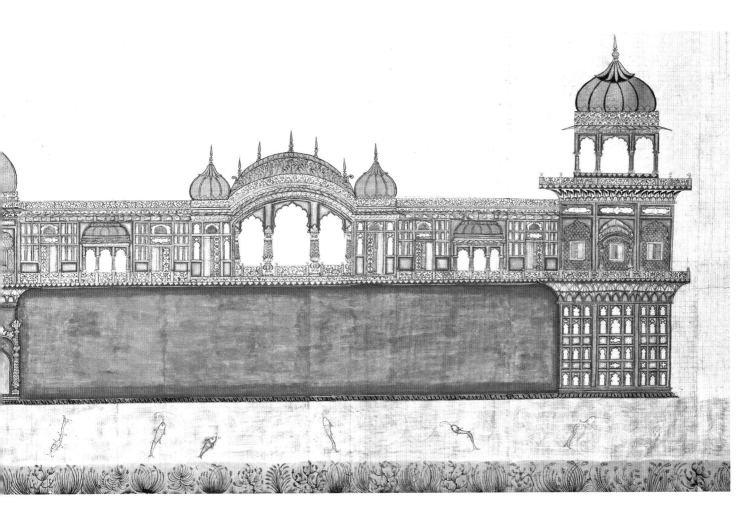

阿格拉堡，他以珠光宝气的清真寺和大理石宫殿，取代了祖父阿克巴钟爱的、令人望而生畏的红砂岩建筑，高雅品位显而易见。

阿萨夫·汗，沙贾汗的岳父，被任命为皇宫总管。当年，沙贾汗以女婿身份造访岳父的滨河豪宅，阿萨夫·汗在他的脚下铺上地毯，往他的头上撒下钱币。这种不同于皇家礼仪的做法使阿萨夫·汗成为众人羡慕的对象。[1]沙贾汗在此居住期间，收到了阿萨夫·汗赠送的马匹、大象和珠宝首饰作为礼物，沉浸在节日的欢快气氛中。毫无疑间，阿萨夫·汗的宅院是最为宏伟壮观的。它拥有多重院落，里里外外数不清的房间，其中一些直通花园，另一些则拥有河岸景观并坐享凉爽的河风。花园里有温泉和水渠，冬暖夏凉。据说，在印度第一次独立战争之后，阿萨夫·汗的官邸和其他豪宅一样，也在 1857 年被毁，当时的帝国统治者试图抹去一切贵族的痕迹，从而树立自己的权威。

次页：这是阿格拉城最早的规划图，河边排列着 44 个花园。地图显示了花园的细节以及河岸两旁建筑的内部结构和密集程度。如地图右上角所示，到了泰姬陵附近，花园和豪宅越来越少。除了地图中央的堡垒，贾马清真寺（Jama Masjid）也清晰可见，还有一条两侧都是高屋大宅的中央大道。

---

① Preston, D. and M., op. cit, p. 136.

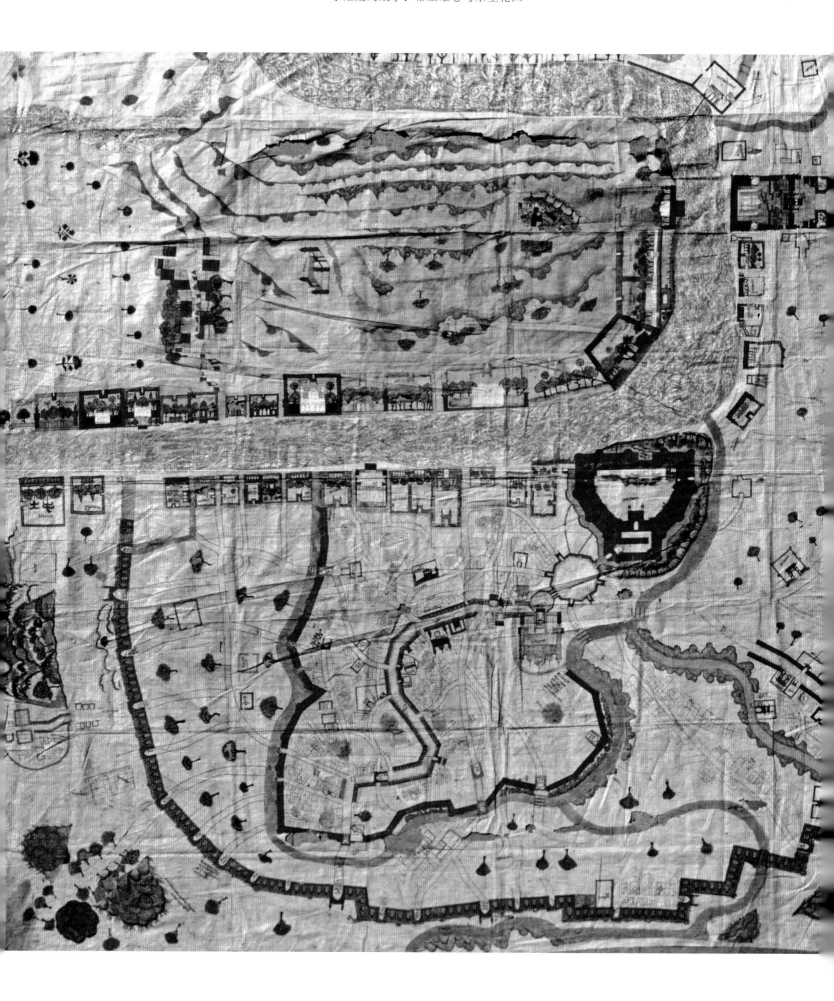

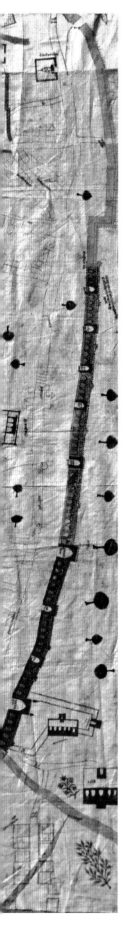

大部分的豪宅都有地下室，涓涓细流贯穿其间，在烈日炎炎和尘土飞扬的夏日里，给宾客提供一个凉爽的场所。室内同样以绘画和镶嵌作装饰，还搭配有产自阿格拉的挂毯和地毯。17世纪早期，弗朗西斯科·佩尔萨特（Francisco Pelsaert）在一份给荷兰东印度公司的报告中，描述了他1620年至1627年这七年间在阿格拉的见闻："经过城堡之后，那里有一个名为那哈斯（Nakhas）的大集市。每天清晨，马、骆驼、公牛、帐篷、棉织品和其他各色商品在此出售。集市之后是一些大领主的房子，比如汗·阿扎姆的儿子米尔扎·阿卜杜拉（有3000匹马），国王军队的教务长阿加·诺尔（有3000匹马），贾汗·汗（有2000匹马），汗·阿扎姆的儿子米尔扎·库拉姆（有2000匹马），马哈巴特·汗（有8000匹马），汗·阿拉姆（有5000匹马），拉贾·贝特·辛格一世（有3000匹马），已故的拉贾·曼·辛格（有5000匹马），拉贾·曼度·辛格（有2000匹马）。他们每一个都是朝中重臣。"[①]贵族的住宅沿东南方向延绵一英里，直到马哈巴特·汗（Mahabat Khan）的花园公馆。但当莫卧儿王朝崩溃之后，这些建筑或许都被洗劫一空。

要维持如此规模的城市，需要一个庞大的贸易体系。手工匠人成群结队地来到这里，在宫殿重建的过程中，施展其雕刻和镶嵌的手艺。波斯的地毯织工也是随莫卧儿王朝来到印度斯坦的众多商人和工匠之一，他们在皇帝的统领下过着富足的生活。由于努尔·贾汉的资助，地毯编织工艺取得巨大的成就，因为她总是订购更好、更多的产品。复制微型肖像画的地毯通常被视为莫卧儿王朝的绝佳作品。这些地毯很快就被出口至欧洲的皇室宫廷，享有盛誉。如今，地毯编织仍然是阿格拉的主要传统工艺，尽管皇室资助已经被巨大的商业和出口需求所代替。

沙贾汗比他的父亲和祖父更为正统。他废止了贾汗吉尔时代在皇帝面前匍匐跪拜的礼仪，认为这违反伊斯兰的传统教义。他也不像阿克巴那样宽宏和包容，因而下令拆除新建的寺庙。但随着时间的推移，他也变得更加自由主义，性情各异的作家、诗人和音乐家在他的宫廷都会受到

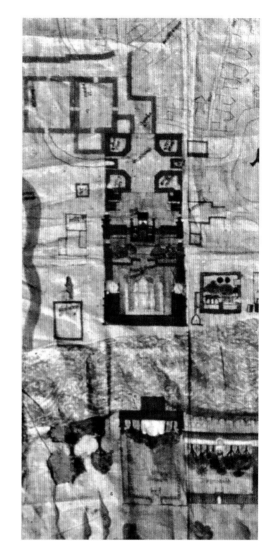

上图：这幅地图详细地描绘了阿格拉没落之前的每一座花园和房屋。这份记录绝无仅有，彻底改变了我们对这座城市的认知。

---

① Pelsaert, F., W.H. Moreland and P. Geyle (tr.) *Jahangir's India: The Remonstrantie of Francisco Pelsaert*, Cambridge, W.Heffer and Sons, 1925, pp 162-4.

下图：阿格拉堡的大小和规模令人惊叹。它的城墙高达70英尺，金色穹顶、亭台楼阁和宫殿构成了高耸入云的天际线，这些建筑的细节往往紧凑而富有创意。像这样的公司学院派画作，反映了古迹档案的重要性。但这种画作通常有虚构的成分，比如河边的通风亭（baradari）*显然是从别处照搬而来。

---

* baradari，一种有12个门的亭子，这种建筑便于空气流动，因其突出的声学特征，常用作印度贵族聚会上歌舞表演的场地。——译者注

对页：沙贾汗的宫廷精致华丽，并建立了等级制度。他不像祖父那样宽容，因此用更加严苛的规定来控制自己的王国。欧洲和其他各地的访客纷纷前来，使阿格拉成为一个国际贸易盛行的繁荣大都市。

欢迎。然而，和平是短暂的。他父亲当年在坎大哈的一场未尽战役，使帝国西北部的防线脆弱不堪。更令人担忧的是，德干地区又生波澜。为了解决德干地区的危机，沙贾汗命奥朗则布南征。他将军队置于奥朗则布的指挥之下，自己则率领皇家骑兵队以更稳健的步伐在后面行进。

出征德干意味着远离宫廷的长途征战以及耗巨资组建军队。整个宫廷，包括由大象、马匹、皇家仪仗队、仆人和散兵组成的庞大队伍，携带着帐篷、地毯和厨房，随皇帝御驾亲征。浩浩荡荡的队伍要跨越整个印度斯坦的领土，但每天只能行进10科斯。如同阿布·法兹尔在阿克巴时代的史书中所描述的那样，搭建一个营地所需的物料要100头大象、500头骆驼甚至更多的运输工具才能满足……但通常上一个还未关闭，下一个又已新建。

虽然阿格拉堡最初是由洛迪王朝临水而建的，但它的巩固则归功于后继者莫卧儿王朝。洛迪王朝利用河流获得水源，控制贸易，并为城堡的一侧提供天然的屏障。但莫卧儿王朝对城堡进行了美化，使其成为现在的样子。随着王朝权力、城市以及自身居住地的稳定，莫卧儿王朝可以更容易地对他们所统治的地区进行控制。因此，他们很快就认识到，河流的潜力不仅仅在于其运输能力或作为重要的交通渠道，还可以利用河流塑造和建造景观，给自己带来快乐与舒适。

作为发展的一部分，由巴布尔修建的阿拉姆花园，可以算是阿格拉的第一座花园。他对印度斯坦的厌恶，使他对喀布尔和撒马尔罕的伟大花园更加难以忘怀。在中亚，

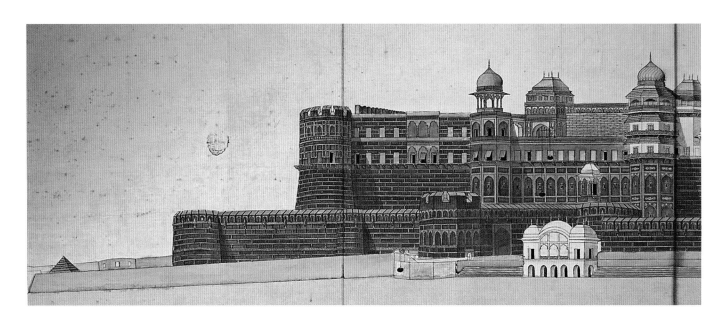

对页：精致的莫卧儿地毯上盛开着繁茂的花朵，以确保宫廷内的美景和花园里的一样。地毯编织工艺在贾汉吉尔时代达到顶峰，当时努尔·贾汉拥有最大的纺织中心。在她统治期间，地毯这一阿格拉最负盛名的手工艺品，经众多商人之手，远销各地。直到今天，阿格拉仍以地毯生产技艺闻名于世，尽管在很大程度上，手工编织地毯已经被机器生产的地毯所取代。

左图：斗象是莫卧儿皇帝们最喜爱的一项运动。在城堡与河流之间，通常都有一大片用于斗象的空地，供皇帝观赏取乐。更夸张的是，阿克巴甚至让儿子们彼此相斗，获胜者很快就会得到父亲的青睐。这幅画完美地表现了这一残酷的运动，画面中皇帝在高处的亭子里观战，贵族们则聚集在下面。

花园是权力的伟大象征。比如帖木儿在撒马尔罕修建的大量花园，就是以开罗、大马士革、巴格达、苏丹尼亚和设拉子等被他征服的伟大城市命名。这些花园连成一圈，构成了被征服地区的景观。巴布尔对这些花园的描述，不仅是花园最好的记录，也反映了他自己对围墙庭院的热爱。

然而到了 15 世纪，蒙古帖木儿所代表的奢侈之风，被日渐虔诚的伊斯兰法律所取代。尤其是在波斯宫廷，城市制度的概念被接受。这些花园具有丰富的政治意味，由统治阶级修建，隐藏在高墙之后。从赫拉特、喀布尔到印度，花园都是统治精英们最渴望拥有的资产。王室和贵族表面上承认政治制度和社会风俗，但在这些关于信仰的公开言论背后，花园才是他们的私人专属空间，把公众和日常事务的庸俗隔绝在外。四面高墙之内，是富足，甚至是奢侈的生活。

波斯花园作为天堂花园（garden of paradise）的概念，其实与伊斯兰教的信仰相去甚远。伊斯兰教相信，那些跟随真主安拉的人，会进入永生花园。永生花园作为一个花园，显然是一个更世俗的版本。从其他早期波斯花园的设计理念来看，无论是内部的奢华生活，还是将其视为创造世间万物和精神世界的中心，都能看到它与永生花园的联系。正如莫卧儿花园研究学者詹姆斯·韦斯考特所言，这两种理念都代表了权力，"它们是空间秩序，在更加动荡、更加不确定的场域里的缩影"[1]。阿提利奥·彼得鲁乔（Attilio Petruccioli）教授在重新思考伊斯兰花园时意识到，花园其实有更深层次的影响，"巴布尔无视亚穆纳河右岸的印度穆斯林城市阿格拉，而选择在河对岸，按照拉合尔和达乌尔布尔的方式，修建延绵超过一英里的规整花园。他所秉持的'纪念碑性'和'代表性'的理念相信，高大、连续的石柱沿河而立，代表了全新的秩序。这种模式最终为未来的城市发展建立了一个框架"[2]。

因此，花园的意义不仅仅在于果甜花香带来的愉悦，

---

[1] Wescoat, J., and Wolschke-Bulmahn, *Mughal Gardens: Sources, Places, Representation and Prospect*, Dumbarton Oaks Research Library and Collection, Washington, 1996, p. 25.

[2] Petruccioli, A., *Rethinking the Islamic Garden*, Yale School of Forestry and Environmental Studies, Bulletin No. 103, p. 359.

右图：胡马雍所绘的这幅描写花园聚会的作品非常有名，尽管仅存残片，但仍唤起人们对奢华往日的追忆。庭院的树上繁花似锦，皇帝坐在亭子里。聚会上，美食丰盛、宾客云集，仆人在亭子外围恭候待命。

下图：一块装饰有花卉图案的17世纪棋盘，突显了花园在莫卧儿人的想象中是多么重要。

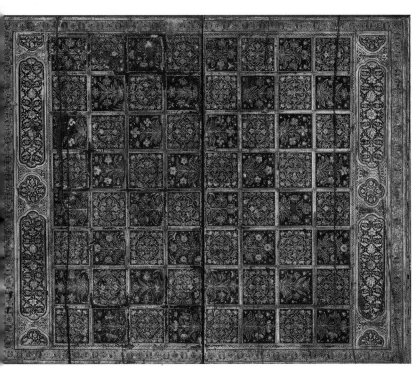

更在于它是远离外面那个现实世界的栖心之所。在印度斯坦，阿格拉的滨河花园，都是根据皇家法令分配的，通常被称为贾吉尔（jagir，即封地），比如巴布尔的阿拉姆花园就被贾汉吉尔赐给努尔·贾汉当作封地。在鼎盛时期，阿格拉有44座花园，只有通过专属通道才能接近河流。此外，莫卧儿人在阿格拉开发的滨河花园，也标志着他们偏离了在印度斯坦其他地方普遍接受的"简单常识"。他们在城市的另一侧，通过高大宽阔的阶梯治理河流，从而重新定义了城市与其母亲河的关系。这些平台限制了河流的边界，使其不再波涛汹涌。

也许正是因为这个原因，亚穆纳河流经阿格拉的河段，历经几个世纪都没有改变过河道。因为它的边界被河边享乐花园的高墙牢牢限定。

这座莫卧儿城市的规划别具一格。它被河流一分为

右图：这幅锡坎德拉（阿克巴
陵）的早期绘画展现了花园的
完美对称。坟墓在花园中央，
是典型的波斯花园造型。树木
的存在非常重要，因为它显示
了花园的布局。

二，东岸以花园为主，西岸是一些莫卧儿贵族的豪宅。随着每一任莫卧儿皇帝的政权得以巩固、天下趋于安宁，贵族们也逐渐希望搬离礼仪严明的城堡，在河边建立自己的奢华庄园。在这里，他们也可以享受河水带来的凉爽空气，从私密的露台上远眺河中往来的船只。因为临近水源，他们还可以轻易地开发花园。不同的皇帝把这些豪宅分配给他们的宠臣，因此房屋也体现出等级之分。

波斯花园位于河对岸，仅需乘坐驳船即可到达，因此很少有"外来者"能够接触到皇帝——不管是作为国家元首，还是隐居在享乐花园里的君王。这也是巴布尔撒马尔罕情怀的延续，是他带给印度斯坦的帖木儿文化印迹。另一方面，莫蒂默·惠勒（Mortimer Wheeler）认为，花园在莫卧儿时代发展出固定的结构，是对印度斯坦无序景观的回应。阿格拉滨河花园与印度斯坦城市发展的原则一样独特，它们本身的布局也是如此。

莫卧儿人建造了伟大的清真寺、陵墓、宫殿和城堡。不管是哪种建筑形态，花园都是意象的画布。而支撑花园的核心，则是纯净的流水。是水润泽了浴室，并最终使他们的享乐花园充满生机。威武的城门使当地居民心生敬畏，河岸被贵族占据；而阿格拉的居民，就住在这些豪宅背后，依靠水箱和蓄水池里的积水为生。

同样，花园的选址和布局，也与环境相适应。例如花园宫殿如今面朝河流，而不是圣地的方向，与马图拉和维伦达文等伟大古城的布局形成鲜明对比。这些城市的景观更加松散，采用了不同的文化叙事。沿河而建的阿格拉无疑是一种全新的文化景观。与那些缓慢发展的城市相比，这种景观的进化更加激进，在解读和阐释他们结构的叙事时，也出现了变化。以阿格拉河畔的享乐花园为例，它们的管理者将政策、法律以及颠覆性的策略融合在一起。这将有助于花园的维护，但随着时间的推移，这也导致了花园的衰败。因为，与马图拉和维伦达文的花园不同，阿格拉的花园历来就是公众想象的核心。

上图：这幅画出自《巴布尔回忆录》，由艺术家苏尔·古吉拉特（Sur Gujarati）绘制，描绘了1508年巴布尔在喀布尔的一个波斯花园里庆祝儿子胡马雍诞生的场景。

对页：宫殿是城中之城，只有国王和贵族才有权进入。宫殿中心是嫔妃居住的后宫。作为皇帝休闲享乐的地方，这些建筑群的装饰日渐复杂，波斯花园、水渠喷泉、花园果园，比比皆是。与此形成鲜明对比的，是远处的战争、搏斗、武器和军队的形象。

روز آذر از نهم دی ماه الهی موافق روز جمعه دویم ربیع الثانی تصمیم عزیمت بدار الخلافه آکره نمودند و از راه دریای چول
بر کشتی سوار دولت شده توجه فرمودند اعیان سلطنت و ارکان دولت بمقدار کنجایش کشتیها و زورقها سامان
آرایش داده متوجه کشتند و اردوی بزرگ از راه خشکی متوجان سمت کشت و روز فروردین نوزدهم
دی ماه الهی موافق دوشنبه دوازدهم ربیع الثانی دار الخلافه آکره مستقر رایات جلال شد

第二章

泰姬陵之再想象：
皇帝的视角

1631 年，在随军征战德干的途中，抵达布尔汉普尔（Burhanpur，印度中央邦城市）后不久，慕塔芝·玛哈诞下第 13 个孩子胡斯纳拉·贝古姆（Husnara Begum），但这个孩子只活了几天。到目前为止，慕塔芝已经生了 8 个儿子，其中 4 个存活；生下的 5 个女儿中，只有 2 个还活着。胡斯纳拉的死并不是什么好兆头。在这段绝望的日子里，慕塔芝再次怀孕，生下了第 14 个孩子。但这次，40 岁的她却因难产去世。

宫廷史记中有许多关于当时厄运与绝望之情的描述。除了沙贾汗"泪如雨下"的记载[1]，还有一则关于慕塔芝·玛哈临终情景的传说是这样的：她听到孩子从她子宫里传出的哭声，知道自己行将死去，便要求与皇帝见最后一面。在气息奄奄之时，她要皇帝保障她幸存孩子的权利，并请求道，"给我建造一座世界上绝无仅有的陵墓"[2]。据官方记载，沙贾汗当时痛不欲生，"征服世界的君王曾经目光炯炯，如今却满含泪水"[3]。他把慕塔芝·玛哈埋葬在一个名叫扎纳巴德（Zainabad）的花园里，从对面的布尔汉普尔城堡，可以看到她的坟墓。整个宫廷都笼罩在哀思中，君王也隐居避世。当他最终再度出现在公众面前时，"胡须全白"[4]。接下来的十年里，他全情投入于陵墓的修建。这既是一种宣泄，也预示着莫卧儿帝国的终结。

在之后的几年里，皇帝都身着白色棉布衣服，为宫廷定下哀悼的基调。慕塔芝去世六个月后，她的儿子沙·舒贾（Shah Shuja）在她的医生瓦齐尔·汗（Wazir Khan）和密友萨蒂乌尼萨（Satiunissa）的陪伴下，从扎纳巴德花园里掘出了她的棺椁，并于一个月后，

① Nicoll, F., op. cit., p. 177.

② Sarkar, J., *Studies in Mughal India*, Kuntaline Press, Calcutta, 1919, pp. 28-29.

③ Begley, W.E., and Z.A.Desai, *Shahjahannama*, Oxford University Press, Delhi, 1990, pp. 70-71.

④ Begley, W.E., and Z.A.Desai, *Taj Mahal: The Illumined Tomb*, The Aga Khan Program for Islamic Architecture, Cambridge, MA, 1989, p. 13.

对页：阿克巴乘坐专属驳船离开阿格拉堡，大批贵族搭乘其他船只随行。这表明当时皇帝的出行需要煞费苦心的安排。

上图：阿克巴授予曼·辛格以米尔扎·拉贾（Mirza Raja）的称号。1605年，曼·辛格成为莫卧儿军队的一位首领，统领约7000名骑兵，在许多重要的战役中浴血奋战。其中，他最著名的战功是帮助阿克巴打败了拉纳·普拉塔普（Rana Pratap，拉杰普特亲王）。作为阿克巴最信任的将军，他在贾汉吉尔的时代被免去军职。

也就是1632年的1月，将其运回阿格拉。沙贾汗仍留在布尔汉普尔解决德干危机，直到慕塔芝去世一年后才返回首都。从此，他开始了一项长达22年的工程，并因此赔上了他的王位和帝国。

沙贾汗首先要获得一块土地用于修建陵墓，这座陵墓要与其身份相称，同时要配得上他的妻子。但城堡两侧都是贵族豪宅，包括他岳父阿萨夫·汗的宅邸、拉贾·托达尔马尔（Raja Todar Mal）的通风亭，以及河对岸的贵族花园。最后，他在离城堡有一定距离的郊区，找到了一块位于河湾处的土地。这块土地原是安布尔的王公拉贾·杰伊·辛格（Raja Jai Singh）的花园，是他从祖父拉贾·曼·辛格（Raja Man Singh）——阿克巴最杰出的将军之一——那里继承来的。作为补偿，拉贾·杰伊·辛格得到了4座城中宅院。

记录显示，这一大块土地"朝向哈里发（Caliphate，伊斯兰教领袖）住所的南面，可以俯瞰亚穆纳河。这里以前是拉贾·曼·辛格的宅院，但当时由其孙子拉贾·杰伊·辛格居住。在他看来，为了这位有资格安息在永生花园里的贵人，可以牺牲他的显赫与乐趣"[1]。拉豪里（Lahauri）这样记录土地的转让："为了表示诚意，拉贾捐赠了这块土地，并从中感到荣幸。但国王仍然赏赐了一栋原属于国家资产的豪宅给他。"[2] 当然，这桩交易需要万无一失，以

---

[1] Begley, W.E., and Z.A.Desai, *Taj Mahal: The Illumined Tomb*, The Aga Khan Program for Islamic Architecture, Cambridge, MA, 1989, p. 41.
[2] 出处同上，第41页。

上图：塔普提（Tapti）河岸上的布尔汉普尔堡是沙贾汗的主要堡垒之一。他从这里向德干人发起进攻。1631年，他深爱的妻子在这里分娩第14个孩子时去世。

下图：阿格拉地图（细节）。

符合建造永生花园的神圣努力。从某种程度上说，这个选址受到布尔汉普尔堡和伊蒂穆德-乌德-陶拉墓的启发。前者同样位于河流拐弯的地方，后者也因为河景的衬托，更显优雅和尊贵。当然，皇帝的野心不止于此，他要满足妻子的遗愿——修建一座伟大的陵墓。河流弯曲处风水极佳，不仅使陵墓的四面刚好对应东南西北四个方向，也正对圣城麦加。这是选址的两个重要决定因素。很明显，河流是国王愿景的中心，他的设计理念都围绕河流展开。从阿克巴拉巴德堡（即阿格拉堡）看过来的点位，遗址向河流两岸扩张的可能性以及可俯视河流的战略性要素，都可能是国王选择这一特定地点的原因。

1632 年 1 月，当送葬队伍抵达阿克巴拉巴德时，这块土地（当时还是哈里发的住所）已经被征用，陵寝的基台（takht）已开始动工。慕塔芝·玛哈被暂时安葬在她最终安息地方的附近。坎博（Kanbo）在一份当时的记录中写道，一座小型圆顶建筑很快修好，这样外人（namahram）就看不到她的坟墓了。在她死后 6 个月里，这个天堂般的地方，已经开始了如火如荼的施工。

沙贾汗在慕塔芝·玛哈去世近一年后，回到阿克巴拉巴德，在她一周年忌日时，举行了名为乌尔斯（urs，圣人的忌日，以庆祝魂归真主）的仪式，以纪念灵魂升天。"为了确保那些回到慈悲真主身边的人，得到安息和永恒的安宁，他们要举行一天一夜的仪式。"[1]这项传统延续至今，尽管也许比沙贾汗的第一个乌尔斯仪式要简单一些。

记录在案的第一个乌尔斯仪式在南方的花园里举行。那是一场令人印象深刻的盛宴，美酒佳肴、芬芳香料，一应俱全。陵墓的空地上搭起了巨大的帐篷，四周环绕着小一些的帐篷。根据严格的座次，只有贵族才能进入平台区，而骆驼骑手和其他人，则被隔离在最远的地方。聚会由乌理玛、阿拉伯酋长（shiekh）和哈菲兹（hafiz）[2]操办，王公贵族作为嘉宾出席。通过举行盛大的宗教聚会、诵读《古兰经》、向穷人分发 5 万卢比，无论是男人，还是后宫

上图：拉贾·杰伊·辛格的画像。沙贾汗从他手上购买土地，是为了确保爱妻的陵墓位于完美的地址，以符合他的愿景。这也意味着，将陵墓定址于城外不远的地方，不仅仅是因为城堡周围的大部分滨河地区已被贵族的豪宅和花园所占据。

---

① Begley, W.E., and Z.A.Desai, *Taj Mahal: The Illumined Tomb*, The Aga Khan Program for Islamic Architecture, Cambridge, MA, 1989, p. 47 - translation of Tabatabai, one of the authors of the *Padshahnama*.

② hafiz，哈菲兹是在伊斯兰社会最为人珍视的尊称，即能背诵全部《古兰经》的人。——编者注

上图、对页：泰姬陵的位置和方位呈标准的南北朝向，这是由圣城的方位所决定的。但它依然远离城市，孑然傲立于芸芸众生之上，体现了崇高的地位和野心。如今，河岸地带更具田园风情，花园被苗圃和农田取代。严格的开发控制确保了泰姬陵周边的环境质量。

的女人，都记住了慕塔芝·玛哈的第一个忌日。乌尔斯仪式也标志着沙贾汗重返宫廷。此时的他不仅结束了长期的哀悼，更在德干战役中取得了胜利。

根据伊斯兰教的习俗，遗体必须埋入地下。宫廷史记《帕德沙那玛》（*Padshahnama*）载，慕塔芝·玛哈在第二个忌日被安葬在最终的陵寝。[1]这意味着泰姬陵高约30英尺、长约1000英尺的巨大基座已经完工。同样，第二层的白色大理石平台也修好了。英国旅行家彼得·曼迪（Peter Mundy）对当时的修建规模感到惊奇不已，他在他富有说服力的游记中写道："她的陵墓已准备好以黄金为名。"[2]

穆罕默德·阿明·卡维尼（Muhamad Amin Qavini）描述说："它由4万多块黄金制成，价值相当于60万卢比。为了让陛下看到最光辉夺目的景观，陵墓里还安装了镶金珐琅制成的星空图和璀璨吊灯。"[3]他还说，当贾哈娜拉（Jahanara）和后宫的仕女们来这里做午夜祈祷时，这里一片灯火通明。

下葬十年后的1643年，墓室的黄金栏杆被拆除。官方解释此举是为了防止栏杆被偷，但也有可能是为尚在进

[1] Begley, W.E., and Z.A.Desai, *Taj Mahal: The Illumined Tomb*, The Aga Khan Program for Islamic Architecture, Cambridge, MA, 1989, p. 51.

[2] Peter Mundy in Koch, Ebba, op. cit., p. 98.

[3] Nicoll, F. op., cit., p. 190.

行的建设提供资金。不久之后，一圈精雕细刻、巧夺天工的大理石屏风便在原先栏杆所在之处立了起来。

根据伊斯兰教的传统，棺椁应该露天放置，本身也不需要装饰。事实上，乌理玛还引用了两个原因，为封闭墓穴或为其涂上石膏以免风化的做法提供合理解释。从最早的几个世纪开始，乌玛（umma）①的普遍做法就是在墓穴上修建墓室，从而让朝圣者和访客能够识别那些因虔诚而被铭记的人。对大多数穆斯林，尤其是生活在南亚次大陆的那些人而言，通过造访显赫之人或精神强大之人的安息之地，可以获得精神力量。随着时间的推移，陵墓建筑群被视为世俗意义上的永生花园。

莫卧儿陵墓的建造及其规模，都是皇帝权力的象征。例如，从帖木儿在撒马尔罕那带有壁龛穹顶的宏伟陵墓就可见一斑。巴布尔在喀布尔的陵墓相对简朴。位于德里的胡马雍陵由阿克巴建造，因其标志着从撒马尔罕的帖木儿陵到泰姬陵的重要转变而闻名。这些陵墓既不抱残守缺，也不墨守成规。在各个方面，不管是单独还是整体来看，泰姬陵都是令人神往的。主陵穹顶的高度在当时是一个创举，被描绘为有着"欲与天公试比高"的野心。

---

① umma，穆斯林政治共同体，指来自各种不同文化和地域背景的穆斯林。——译者注

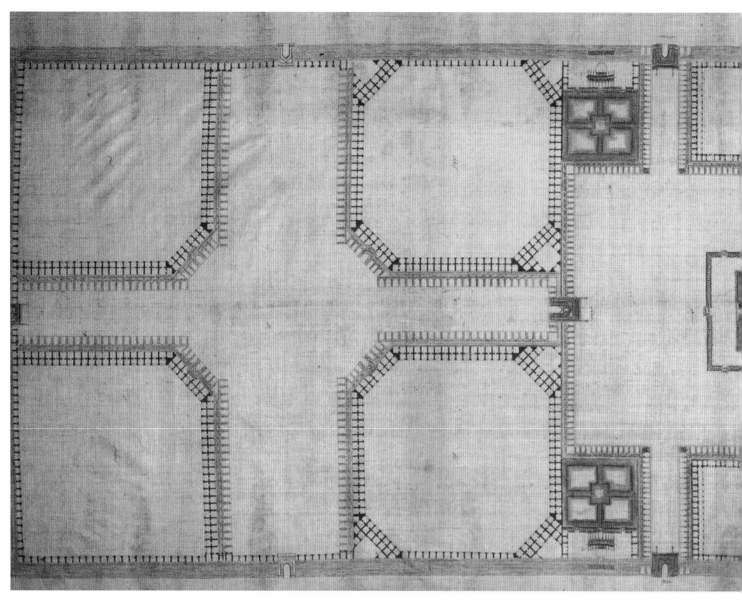

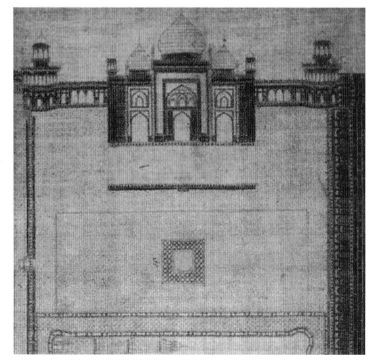

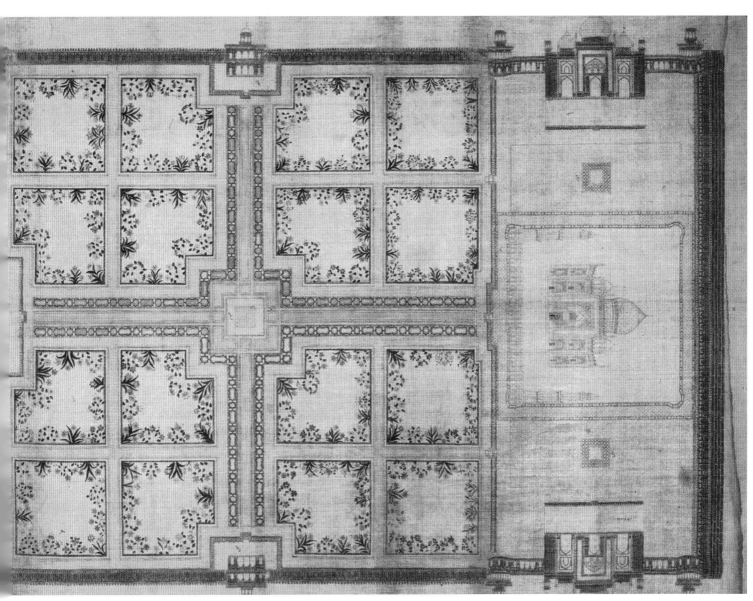

泰姬陵博物馆收藏的这张平面图是泰姬陵最早的规划图之一，展现了围墙庭院的整体构造。主陵、清真寺和答辩厅，都在河边的同一平台上。在花园南边的大门外，是回廊前庭（Jilau Khana），两侧是仆人庭院以及鲜为人知的慕塔芝·玛哈闺中密友（意即沙贾汗的其他妃嫔）之墓。前庭是神圣空间向世俗居住区过渡的空间，如今这个居住区更为人熟知的名字是泰姬甘吉市场（Taj Ganj）。

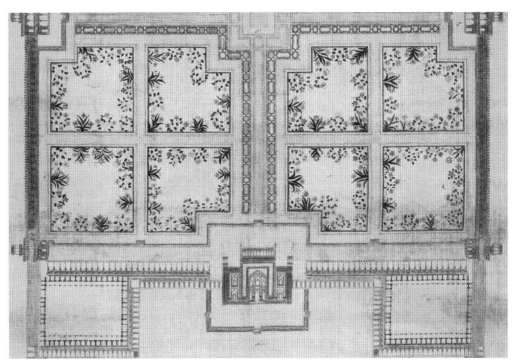

右图：泰姬陵的完美布局以及对岸的月光花园如今依然清晰可见。在建筑群南面的泰姬甘吉市场，我们仍然能够辨识出方块状的布局，尽管城镇化进程正在迅速模糊原来的规划边界。

次页：泰姬陵似乎偏离了传统的波斯花园布局，因为她没有位于花园的中心，而是偏居一端，临河而建。在这里，原有的概念得到了发展，因为沙贾汗把河水视为"流动清泉"的理想来源。而对岸的月光花园，则把波斯花园的整体布局扩展至河道两岸。早期的图画清楚地显示了泰姬陵与月光花园、阿格拉堡以及城市其他地方的关系。

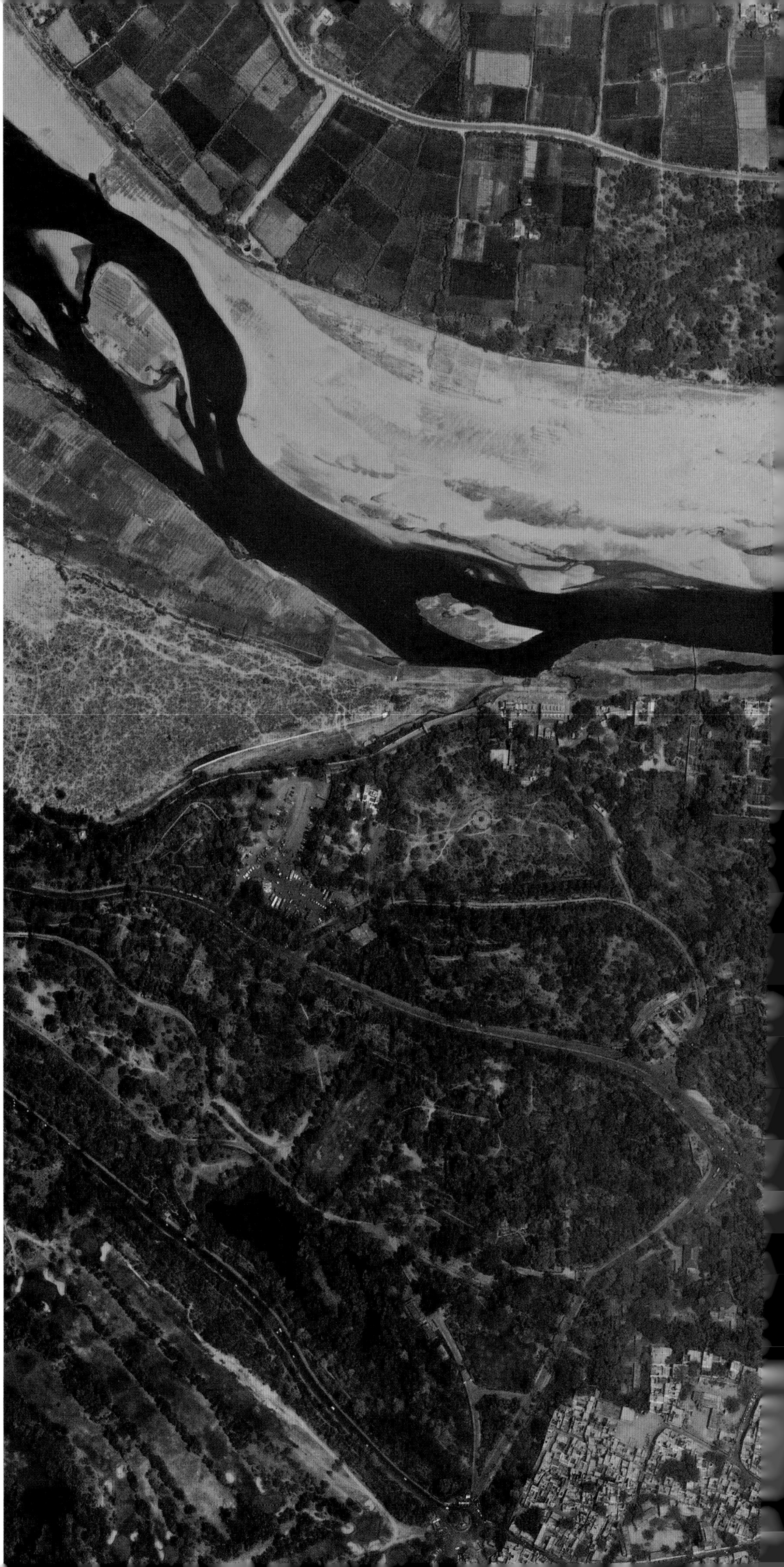

发光的陵墓

泰姬陵，号称发光的陵墓，并没有像传统的波斯花园那样，位于花园的中心。相反，她位于花园的尽头，靠近河边。埃巴·科赫认为，这是莫卧儿滨河花园在阿格拉发展出来的特定形式。坐落于河边的优势，使莫卧儿人发展了汲水技术，通过精心设计的提升系统，把河水引入波斯花园，灌溉花园和水渠。这一系统在当时既具有创新精神又颇为实用。与其他人的观点不同，著名学者伊丽莎白·莫伊尼汉提出，事实上，河对岸的月光花园是泰姬陵宏伟设计的一部分，倒影池便是焦点所在。

亚穆纳河曾是一条清澈湍急的河流。关于新生的寓言，以及陵墓和棺椁与圣城方向的一致，使河流的存在变得更加重要。如果河流北岸的月光花园是建筑群不可分割的一部分，那么主陵就仍然位于花园的中心，只不过这个花园被河流一分为二，从而符合关于永生花园的真正构想：流水潺潺，"绿树成荫、硕果累累"[①]。如果沙贾汗把这里想象成永生花园，那么他的空间布局也是完美的：亚穆纳河沿东西方向流动，两个伟大花园南北对称，主陵位于中心，整个系统完美无缺。两个花园大小一致，八角形池塘倒映着泰姬陵的身影。"当倒映在河水中时，泰姬陵如世界之轴，变成了天堂四河交界处的一副逐渐消失的影像。只有像沙贾汗那样自命不凡的人，才会有如此的滔天宏略。"[②]

在锡坎德拉陵或规模更小的伊蒂穆德-乌德-陶拉陵，水渠被分成更小的水道。而泰姬陵因其完美的神圣朝向和布局，与之不同。

泰姬陵的设计初衷在于，当沙贾汗和皇室成员从城堡出发前来这里时，只有通过乘坐驳船才能进入。所以沙贾汗看泰姬陵的视野受出行方式的限制，即使贵为皇帝，他也只能在主陵前仰望，没有其他视角。从河面上看，30英尺高、绘制着精美图案的红砂岩城墙，在他们面前高高矗立。

在这一层，人们可以从河边，通过走廊和套房进入

① Sura 36 Ya Sin no. 33-35. West Arch, Taj Mahal, tr. Begley and Desai, *Taj Mahal: The Illumined Tomb*, p. 201.

② Herbert, E.W., *Flora's Empire*, Penguin, Delhi, 2011, p. 216.

左图、下图：在这张1937年从河边拍摄的泰姬陵照片中，皇帝的入口清晰可见。坚实的大理石台阶通向一个小小的门，也许是为了显示皇帝在进入神圣空间时的谦卑，尽管北面城墙上满是精美的雕刻和大理石镶嵌供皇帝欣赏。环绕花园的其余围墙则朴实无华、高耸入云。

陵墓。这些房间都被精心地描绘了符合皇家品位的图案纹饰。这些地方曾是皇帝及其直系亲属的专属空间，如今已经上锁或者用砖堵上了。

当然，对沙贾汗来说，这将是他最具远见的计划，其规模之大前所未见。为了实施这一计划，手工匠人、书法家、绘图员都开始在阿格拉聚集。当时的记录清楚地记载，乌斯塔德·艾哈迈德·拉豪里（Ustad Ahmed Lahauri），或称米纳里·库尔（Minar-i-Kul）是首席建筑师。他在奥兰加巴德（Aurangabad）的坟墓记录了他在阿格拉修建泰姬陵以及在德里修建贾马清真寺的非凡业绩。他的儿子卢夫·阿拉（Lutf Allah），在其撰写的手稿《迪万奥-穆汉迪斯》（*Diwan al-Muhandis*）中写道："建筑师艾哈迈德在这一领域里的成就远超当时最高水准，他精通欧几里得几何学及其解读，熟知所有的细枝末节，了解行星和恒星的奥秘，深刻理解神秘的天文学（托勒密在公元150年对天文学的研究）。"[①]整个建筑群基于莫卧儿庭院的网格结构而建

① Tr. by Begley W.E. and Z.A.Desai, *Taj Mahal: The Illumined Tomb*, p. 270.

造，在规模上可能最接近于庭院的大小，但网格分布为庭院提供了经典的秩序和内部的灵活性，这就是建筑群看上去如此和谐的原因。整个泰姬陵的修建耗时 22 年，根据拉豪里的记录，其中 12 年用于修建主陵，这本身就是一项艰巨的工程。关于施工进展的记录十分有限，而皇家编年史是在乌尔斯仪式期间写就的，所以关于这个神圣建筑的修建细节少之又少。

在泰姬陵的宏伟规划中，双边对称或二元性被体现得淋漓尽致，对等物的重要性象征着理性上和精神上对于和谐的理解。这种对称性和几何规划在《古兰经》第 36 章，第 36 节中有所反映：

赞颂真主，超绝万物！
他创造一切配偶，
地面所生产的，
他们自己，以及他们所不知道的，
都有配偶。①

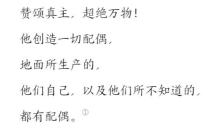

泰姬陵的每一栋建筑都有一个与之对应的建筑。只有主陵是独立的，中央庭院两侧的对称建筑与庭院末端的

左上：泰姬陵原本的设计允许沙贾汗和皇室成员从城堡乘坐驳船，通过水路抵达这里。所以他看泰姬陵的视野受到出行方式的限制。就算是皇帝，他也只能在陵墓前致以敬意。不管是从河边还是从任何角度看泰姬陵，实际上没人能够看到它的全景，而只能见到局部片段。但这一设计初衷在今天已失去意义。

左下、下图：如今，碧波荡漾的亚穆纳河已经成为一个遥不可及的梦想，但泰姬陵与河水的关系仍然不断提醒着人们设计的庄严。沙贾汗乘船抵达泰姬陵的场景，也因河水上涨而成为一种想象，从河边进入泰姬陵已经不再可能。

---

① "东南西北每一面拱门上都刻有《古兰经》第 36 章《雅辛章》（Sura Ya Sin）里的语句。其开篇位于进入陵墓的正门入山，引用于此的第 36 节则位于西面。这一节被称为'《古兰经》的中心'，其中所言真主创造的对称也暗指非存在与存在，毁灭与创造，诺亚的洪水及其消退，日与夜，暗与明，大地之死及其复兴，无知与智慧，以及对于正义之士和那些臣服于真主的人来说尤为重要的真主最伟大的礼物——生与死。"由 Raja M.A. Muhamad Khan Mahmoodabad 提供。

下图：不管是主陵还是整个陵园遗址，都呈现出绝对的整齐和完美的对称。带甬道的陵园证实了这样一个想象，即泰姬陵曾为那些普通人而存在，他们通过造访泰姬陵向帝王致以敬意。水渠两侧的宽阔甬道是通向泰姬陵主陵的完美路线。但在沙贾汗的时代，它毫无疑问是贵族的专属通道，因为公众一般被限制进入主陵，只能在外一窥它的风采。

主陵形成呼应，强调了规划中对立和统一的完美平衡。同样，红砂岩和大理石的应用也反映了规划和布局中所建立的秩序。红砂岩曾是阿克巴帝国建筑的标志景观，象征着帝国至高无上的权威；白色大理石则代表了世俗世界向精神世界的转变。沙贾汗在改建阿格拉堡时率先在红砂岩建筑框架下加入大理石建筑，而这一手法在泰姬陵中体现得淋漓尽致。

较低的平台整体由红砂岩修筑，长约 1000 英尺，四角各有一座坚固的塔楼。主陵右侧是清真寺，左侧是被称为"Mehman Khana"或"Jawab"的答辩厅。在它们的烘托下，主陵更显高大空灵。这个平台的卓越之处在于它并不是一个实心整体，而是被通道和地下墓穴分割成不同部分，以分散它的重量。慕塔芝·玛哈的遗体正是通过这些过道被运往安息之地，而之后沙贾汗的遗体则是通过水路从阿格拉堡运往这里。

清真寺与答辩厅样式相同，是典型的沙贾汗式建筑。矩形的大厅上有三个圆顶，其中外侧的两个稍小。答辩厅"Jawab"一词可能有"映像"之意，在布局上与清真寺

保持一种对称均衡，因其最早供贵宾使用，也被称为宾客楼。它与清真寺唯一的区别在于没有朝向麦加的壁龛（mihrab）[1]。整个基座的地面由红砂岩和大理石铺就，遍布几何图案，标志着向纯粹和神圣空间过渡的开始。这样的结构也建立了进入泰姬陵的等级，即谁有权进入陵园建筑群的哪个部分——比如皇室成员、宗教领袖可以进入最神圣的墓室，而贵族和宠臣只能待在稍低但比地面高得多的会客区域，不能进入墓室。

在神圣陵墓的中心，是一个巨大的大理石平台，平台的每个角落有一个尖塔。这些高约 43 米的尖塔，原为宣礼塔，用以召唤信众礼拜。但这里的四座尖塔并无此实用功能，主要是为了使整个建筑规模更加宏大，比例更加协调。高耸的大理石尖塔被阳台分为三节，里面有楼梯通往顶部，顶部有一个小的带穹顶的亭子，为主陵增添了平衡性和协调性。尖塔微微外倾，有观点认为，这样的构造是为了防止地震发生时，尖塔向内倾倒砸坏陵墓；但就其巨大的高度而言，这更有可能是为了提供一个完美的视线。这些尖塔被描述为"通往天堂的梯子"[2]。在 1591 年建成的查尔米纳尔拱门（Char Minar，海得拉巴的标志性建筑）中，就能看到这一特别的构造。查尔米纳尔拱门的四座尖塔既承担了呼唤信众的功能，也使建筑更加独特出挑。

整个陵墓的核心部分就是主陵——一座四角为切角的矩形建筑，由八个房间围绕而成的墓葬空间，以及基于《古兰经》里对哈什特比希特布局原则的描写而修建的中心墓室。首席建筑师拉豪里在规划里将其定义为巴格达迪（Baghdadi，意为来自巴格达），墓室分为上下两层，同时用方形格窗划分内外空间，给墓冢更添一份隐蔽和神秘。墓室上下两层都有精细的石灰泥装饰，只不过下层外墓室的图案比上层更为繁复。值得注意的是，只有中心墓室镶嵌有大理石花纹，因为皇帝可能在此祷告；而围绕它的八个房间则是供贵族和宗教领袖乌理玛使用的。哈菲兹在这里背诵经文，简单的仪式代表着虔诚之心。这些房间的音

红砂岩和大理石的应用使沙贾汗在阿格拉堡的建筑独具特色。红砂岩修建的清真寺（上图）和答辩厅（顶图），位于白色陵墓的两侧。沙贾汗在阿格拉堡确立的这一建筑风格，在修建泰姬陵时达到巅峰，因为红砂岩建筑似乎为纯白的大理石建筑提供了完美的框架。

① mihrab，设在礼拜大殿后墙正中处的小拱门，用于标识祈祷的方向。——译者注

② Begley, W.E., and Z.A.Desai, *Taj Mahal The Illumined Tomb*, The Aga Khan Program for Islamic Architecture, Cambridge, MA, 1989, p. 67.

本页、对页：这座由大理石包裹的巨大砖石建筑，吸引了全印度的能工巧匠，这在当时是一项工程壮举。每一朵花都雕刻得精致入微，考虑到雕刻的丰富程度，它的完美在于恰到好处。建筑宏大体量和精致细节之间的平衡，是泰姬陵尤其强调的一点。

响效果极佳，祷告的声音可以回响于整个建筑。

主陵有一个巨大的砖石结构，墙壁厚达数米。建筑的外立面有两层拱形凹室，位于中间的皮西塔克清楚地标志着四个入口门面，每一面的细节几乎完全相同。皮西塔克高立于拱门之上，上面刻有设拉子的安马纳特·汗（Ammanat Khan）所写的书法题词。遍布在每个入口处的书法，无论是内容还是笔法，都令人称叹。据估计，这里雕刻了 100 多米长的《古兰经》经文，为信徒们阐释了审判日以及永生花园的意义。安马纳特·汗还在石板上刻下了名字和日期，记录了整座建筑的里里外外，历时 4 年才修建完成。当他最终完工时，沙贾汗赏赐给他一头大象和更高的头衔。南面皮西塔克上的书法经文引导着米访者进入神圣空间："安定的灵魂啊！你应当喜悦地，被喜悦地归于你的主。你应当入在我的众仆里；你应当入在我的乐园里。"①

同样，拱门外框也镶嵌有阿拉伯式藤蔓花纹与经文卷轴图案，像欧洲七弦琴那样，从角落里延伸出来，由最精致的花饰相连。在不同季节、不同时刻里，上面镶嵌的珠宝变幻出不同的光彩。每一个元素在设计和呈现上都臻于完美，庞大的体积因精致的细节而不显突兀。当人们环

① *Taj Mahal The Illumined Tomb*, Cambridge, MA, 1989, p.195。经文引自《古兰经》第 89 章，第 27—30 节。

绕主陵的外部空间时，会发现主陵西北角未曾掩盖的秘密——那里有一根支柱略低，但几乎看不出来。这一结构上的不完美，是皇帝刻意为之还是工匠的无心失误，我们不得而知，但它体现了一种谦卑的信念，即只有真主才是完美的。主陵的西北角对着清真寺，缺陷位于这里，其原因可想而知。这是伊斯兰教义认知并遵行的观点，认为只有真主才是完美的。这种瑕疵常见于地毯或其他手工艺品，被视为谦卑的象征，即使是手艺最为高超的工匠，也不会挑战只有真主才能达到的完美。

泰姬陵的穹顶，是莫卧儿王朝和那个时代建筑的巅峰之作。无论是当时还是现在，它都是世界上最高的穹顶，或许也是最为优雅的穹顶。我们知道苏丹国王曾经修建过双穹顶结构的建筑，因此并不陌生，但在泰姬陵中，它达到了惊人的高度。

然而，整座主陵的核心在于墓室，没有任何东西能影响它的设计、规模以及比例的完美性。中心墓室是体现皇家法令和帝王雄心的典范。墓室呈八角形，四面是与皮西塔克相连的巨大拱门，用于引入光线，而屋顶则"向天"高高耸起。它通体为大理石装饰，充满了设计的巧思和深刻的寓意。慕塔芝·玛哈的衣冠冢位于整个空间的中心，稍后下葬的沙贾汗"位居旁侧"，但正如预期的那样，是两个棺冢中较大的那一个。

这种装饰只有皇室才能使用，在泰姬陵里有重大的象征意义。中央墓室的内立面镶嵌着鸢尾花、水仙花和郁金香等图案，这些风格化的珠宝镶嵌要么是为了挚爱，要么是为了来世而准备的。浅浮雕的墙裙上有满刻花朵的花瓶，主陵外立面也有类似花朵，但没有那么复杂的花瓶。衣冠冢周围是精致的镂空大理石屏风，同样呈八角形，与哈什特比希特的布局一致。屏风上遍布硬石镶嵌的花卉图案。衣冠冢和屏风作为整体，在设计和营造上，以前所未有的丰富程度和密集程度，达到了不可超越的巅峰。在这熠熠生辉的墓室里，莫卧儿王朝的建筑雄心及其象征意义，可谓登峰造极。这个陵园建筑群被视为永生花园在世间的一个"构想物"。在《古兰经》里，那些感知到安拉的人被许诺了关于永生花园的寓言，那是一个未知的神秘之地，与尘世的花园不同，那里流水潺潺、硕果累累、绿树成荫。很有可能，泰姬陵巨大的规模、和谐的比例、精

下图：即便如此，建筑中也存在着极小的瑕疵——结构中的微小偏差，因为"只有真主才是完美的"。

上图、对页：墓室的内部精工细作，丰富的细节和完美的施工，使得墓室内部在设计上无与伦比。八角形的大理石屏风进一步延伸了哈什特比希特的原则，而慕塔芝·玛哈的衣冠冢与北面的皮西塔克完美对齐。微小的细节和建筑本身的巨大规模，形成鲜明的对比。

美的装饰、几何形状的线条以及永不凋败的花朵，就是永生花园在尘世的幻境。这座纪念碑让人们联想到一座非写实的天堂花园，其花卉图案如此丰富多彩，不可能来自人间；中心墓室指向"天堂"，也是永生花园的一个表征。"在这个内部穹顶的上方，一个番石榴形状的穹顶向上高高升起，仿佛马上就要伸向天堂，光彩夺目似天使的心脏。就算是天体几何学家，也搞不懂它的准确角度。"[1]安马纳特·汗的书法进一步强化了这一理念，它唤起了因相信永生花园而获得的奖赏，吸引访客进入这一乐园。

皇帝和他妻子的衣冠冢也大不相同。慕塔芝的衣冠冢在基座上镶满了莫卧儿风格的花朵图案；在衣冠冢抬高

[1] Begley, W.E., and Z.A.Desai, *Taj Mahal The Illumined Tomb*, The Aga Khan Program for Islamic Architecture, Cambridge, MA, 1989, p. 66.

的部分，虽然阿拉伯风格的花朵图案也营造出丰富的表面，但花朵垂下以示哀悼；最上层的《古兰经》经文，则进一步强化了永生花园的愿景。在衣冠冢的底部，她的墓志铭颇为简单——"发光的墓属于阿姬曼·芭奴·贝古姆（Arjumand Banu Begum），她的名字叫慕塔芝·玛哈，死于1040 年[①]"。

与沙贾汗关系疏远的儿子奥朗则布为他准备了一个体积更大，但没有《古兰经》经文的衣冠冢。他的墓志铭这

① 1040 年为希吉来历纪年，对应公元 1631 年。公元 622 年 9 月，伊斯兰教创教人穆罕默德及其信徒由麦加迁徙到麦地那，为纪念此事，第二代哈里发欧麦尔决定以"希吉来"（阿拉伯语"迁徙"之意）为伊斯兰教纪元，以迁徙那一年阿拉伯太阴年的岁首（公元622 年 7 月 16 日）为元年元旦。——编者注

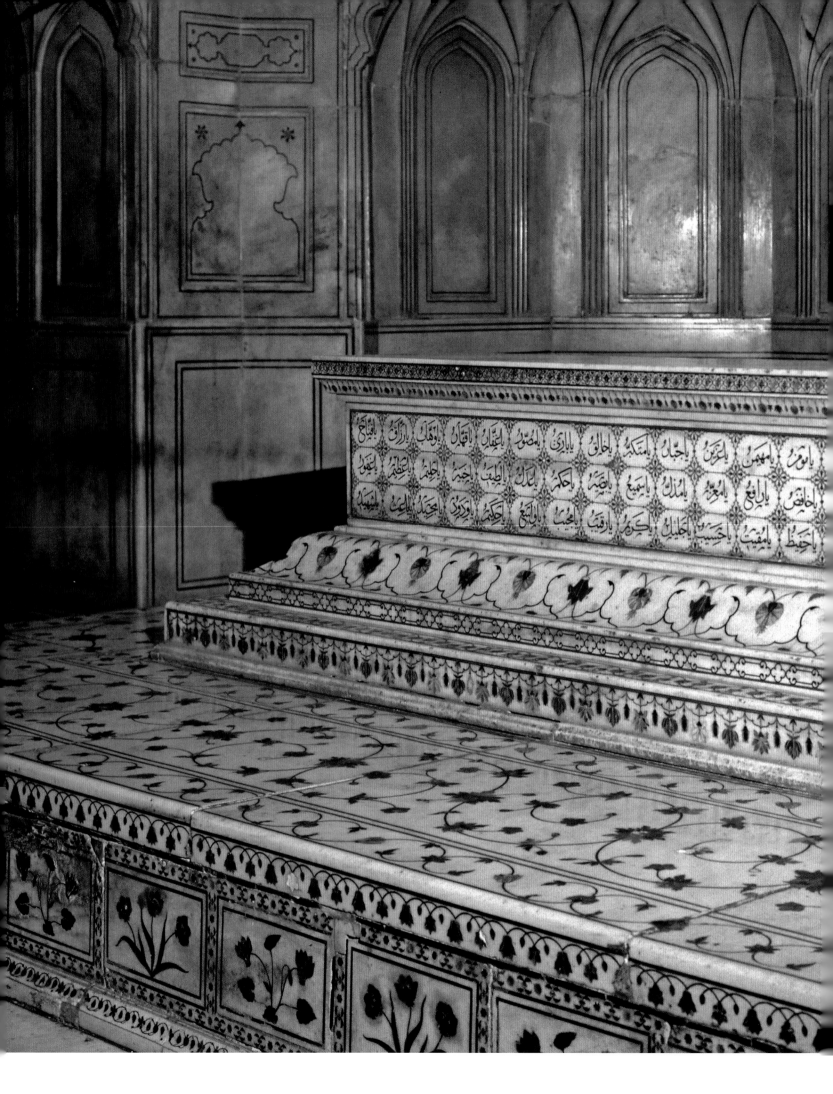

左图：慕塔芝的衣冠冢在基座上镶满了莫卧儿风格的花朵图案；在衣冠冢抬高的部分，虽然阿拉伯风格的花朵图案也营造出丰富的表面，但花朵垂下以示哀悼；最上层的《古兰经》经文，则进一步强化了永生花园的愿景。

右图：慕塔芝·玛哈衣冠冢上的书法雕刻卓越非凡，刻有安拉的99个尊名。相比之下，由奥朗则布督造的沙贾汗的衣冠冢，就没那么用心了。它的雕刻仍然精美异常，但不再神圣。

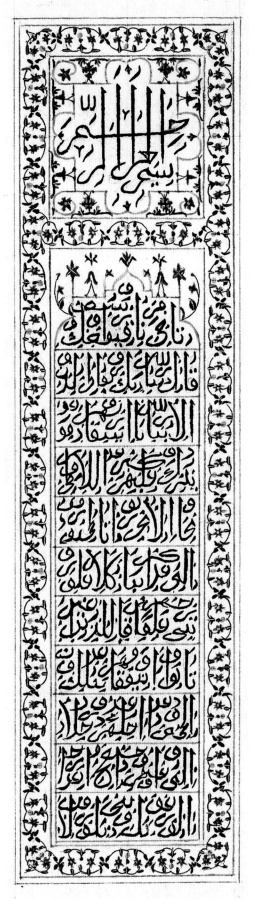

样写道："这是他至尊威严的神圣坟墓，永恒的居民，吉祥福佑的第二个真命天子——沙贾汗·帕德沙①。愿他永远芬芳。1076 年（公元 1666 年）。"

衣冠冢之下，沿陡峭的阶梯进入朴素的大理石墓穴，便能看到皇帝及其妻子真正的棺椁。棺椁安置在地面衣冠冢的正下方，以确保没人可以踏足他们的遗体之上。两个棺椁都是南北朝向，里面的遗体应该是面朝麦加。墓志铭上，雕刻着与皇帝及其妻子的功德、地位相称的颂词。

沙贾汗的棺椁更大也更精致，其底座和墓碑与他作为"世界之王"的地位相称，但没有任何《古兰经》经文，代表的是皇室政权而非宗教神权。较低的平台上是慕塔芝·玛哈的棺椁，虽然相对比较简单，却刻画着《古兰经》里安拉的 99 个尊名，以行云流水的书法描绘了他的种种功绩。她的墓碑应该是由沙贾汗亲自督造的，因此，无论是样式还是理念，都和整个泰姬陵一样神圣。上下两个墓室里的每一个细节都如此完美和辉煌，哪怕历经莫卧儿王朝崩溃后数个世纪的掠夺，这些宝石镶嵌的花朵依然光彩夺目，显示出工艺的神奇之处。参观过泰姬陵的弗朗索瓦·伯尼尔生动地描绘了这一场景，但他谨慎地指出，尽管地下墓穴每年都会举行一次隆重的开放仪式（也许在乌尔斯期间），但基督徒被禁止进入，以免亵渎它的神圣。

① 沙贾汗出生于木星和金星相遇的时刻，在占星术看来这是最为祥瑞的征兆。在他之前，第一个在出生时出现这种吉祥天象的人是他的祖先帖木儿。——译者注

左图、上图：这是雕花屏风上镶嵌的花朵图案。据说有些花朵由上百个碎片拼接而成。其中一些虚构的花朵图案被认为是富有寓意的，因为花朵和自然元素的图案常常出现在想象空间里。最初的镶嵌，尤其是那些花朵，是由深切宝石和半宝石制成，细节繁复，造型多样且充满想象力。

神圣与世俗

位于波斯花园远端的南墙，与主陵遥遥相对，装饰得更加富丽堂皇。

南墙的双拱门廊供游客使用，他们不能进入主陵，但仍然可以按照沙贾汗所期待的那样，从一个公共门廊遥望泰姬陵。

这是一个巨大的拱廊平台，无论从哪个角度看出去，泰姬陵的主陵都一览无余。拱廊的两侧有坚固的塔楼，与主陵平台的构造相似，以确保整个建筑群的平衡。在南墙中间是一扇"朝天洞开"的大门，从而向所有人宣告，这里是永生花园的入口。

在莫卧儿王朝的建筑中，大门被设计成权力的象征。位于法塔赫布尔西格里城的胜利之门（Buland Darwaza）展示了莫卧儿王朝国力的巅峰，甚至锡坎德拉阿克巴之墓的入口也规模巨大。从理论上讲，泰姬陵的大门，是从世俗世界通往内心渴望的渠道。即便是在带有挑高天花板的经典八角形墓室里，它的拱形入口也是过渡的标志。主入口

本页和对页：围绕着泰姬陵的，是几乎同样优美的建筑。它们的存在是为了满足这个综合体的各种需求。清真寺和答辩厅旁边的塔楼里，既有阶梯井（baolis），也有厕所。仆人庭院供仆人或员工居住，是一个像客栈一样的独立空间。前庭回廊的沿途都是商店，为络绎不绝的游客提供服务。经过雕刻的红砂岩以灰泥为饰，红色为主搭配白色细节，共同营造出一种独特的建筑旋律。无论是主陵左右两侧，还是整个陵园的南北布局，都呈现出完美的对称，这是泰姬陵最显著的特征。红砂岩建筑拱卫着的白色大理石陵墓更显意义非凡。

南大门（即正门）没有中央穹顶，但拱门顶上的小圆顶似乎印证了一个迷人的传说，即小圆顶的个数代表了修建泰姬陵所用的年数。

当游人走出陵墓建筑群时，就能更清楚地理解沙贾汗宏伟规划中的等级秩序。大门之外，布局依然，但装饰不再。门外是名为"Jilau Khana"的回廊前庭，这块区域不是皇家领地，其地面是未经铺设的土路，且地平面略低。前庭旨在提供一个巨大的空间，供游客集散，也可以从这里一窥泰姬陵的容颜，但它真正的容光只有少数天选之人才有幸得见。这里承担着中介空间的作用，是神圣和世俗之间的过渡地带。骑手、马夫和随从会在此止步集合，在继续前往天堂圣地之前，稍作休整。

人们从东门和西门进入前庭。连接大门的步道两侧，还设有带集市的拱廊，为游客提供方便。集市后面，顺着主建筑群南墙的方向，在两侧各有一个仆人庭院，这里曾是陵墓仆人居住的地方。院子就是客栈，内有一圈小房间，厕所在尽头。投身于亡人服务、在坟墓念诵经文的哈菲兹，曾在这里居住了好几个世代。

前庭的第四扇大门位于最南面，被称为斯迪达瓦扎（Sidhi Darwaza）。这道南门相对简朴，由一段阶梯引向夏苏集市（Charsu Bazaar），也就是如今的泰姬甘吉地区。它标志着从统治者向被统治者的转变。原本被设计为泰姬陵经济引擎的集市，拥有和建筑综合体其他部分一致的布局，即被分割成四个象限，每个象限里有一个客栈。它们一起通往集市中央的八角形庭院，那里是所有游客聚集之处。靠近大门的前两个客栈由皇帝建造，有 136 个房间，每个客栈中央都有一个庭院。

客栈为商人和小贩而建。他们带来的珠宝、天鹅绒和其他精美货物，不仅卖给游客，也供泰姬陵建筑群享用。在泰姬甘吉，你可以获得所有的商品和服务。通过商队客栈的名字，我们可以推测这里曾经销售的商品种类——西北角的客栈被称为奥马尔·汗巷（Katra Omar Khan），东北角的称为香水巷（Katra Fulel），此外还有专卖丝绸的雷沙姆巷（Katra Resham）以及另一条名为乔吉达斯（Jogidas）的巷子。随着生意越做越大，商人们在这里修建起自己的房屋。房屋逐渐超出了泰姬甘吉的范围，使这座经过严谨规划的城市越扩越大。该地区的日益扩张，满足了劳动力和贸易的需求，这些都为泰姬陵的维护提供了资金。

神圣与世俗的区分在这里最为明显。整个建筑群的其他部分由瓦克夫（waqf）[1]提供资助，泰姬甘吉地区则需要自给自足。泰姬陵的正式建筑由 30 个村的岁入供养，与之形成鲜明对比的是泰姬甘吉地区的狭小街道和"野生"建筑。第 12 个乌尔斯仪式的举行，标志着泰姬陵的正式完工，整个集市的租赁权永久收归国有，每年有 20 万卢比的收入。从此，泰姬甘吉成为宗教公产，由帝国太监总管阿迦·汗（Agah Khan）管辖。塔维尼尔当时的记录将其描述为"一个由六个更大的庭院组成的大型集市，四周都是门廊，门廊下是商人的房间，大量棉花在此出售"[2]。这是一个巨大的食品市场，彼得·蒙迪（Peter Mundy）的描述显示，牛肉、羊肉、鹧鸪、鹌鹑、斑鸠、杧果、芭蕉和菠萝，应有尽有。这也是一个巨大的干果市场。

如今，这里只剩原始建筑的断壁残垣，大门尤为显眼。其余部分则在席卷阿格拉的城市化进程中，消失得无影无踪。

上图、对页底图：阿格拉曾有许多世界知名的集市。这些全球性的市场，曾被称为"世界交通的枢纽"。这里的街道和地区常常以特定的行业或贸易命名。集市商店的屋顶覆盖着厚厚的茅草，以免受烈日的炙烤。

对页顶图：阿格拉富商的豪宅通常坐落在河边，有时临街一面设有商店，但大部分是封闭式的。房屋沿庭院布局，有一个相当显眼的入口。

次页：泰姬陵无疑是世界上最引人注目的建筑之一。当从正面观看时，它呈现出对称的比例，同时也根据观看者视角的不同，存在不同的视觉效果。在正面，从不同的位置观赏，能看到不同的局部组合。

① waqf，宗教公产，包括国家或穆斯林捐献给清真寺的土地和其他资财，比如学校、医院、养老院等。——译者注

② Tavernier, J.B., *Travels in India*, (tr.) V. Ball, in Kanwar, H.I.S., Unpublished Report, ASI Library, Delhi, 1972.

第三章

精工细作泰姬陵

乳白色的马克拉纳大理石完美地覆盖着泰姬陵的外壁，也许正是这种材料，让泰姬陵看上去空灵缥缈。这一做法，除了在纯粹美感和相关的深层政治象征之间产生强烈共鸣，也使泰姬陵从整个景观中脱颖而出，极具视觉冲击力。泰姬陵建于砖石结构的基座之上，巨大的砖墙经过结构性调整，以承受为营造完美视觉轮廓而修建的双重穹顶所带来的巨大压力。砖石结构被覆上大理石之后，就像身体的皮肤或建筑骨架外的绷布一样，营造出轻盈而明亮的感觉。在当时，还没有同等规模的建筑应用这种技巧。

马克拉纳大理石是印度斯坦最好的石料。马克拉纳位于阿格拉以西约 300 千米处，根据与拉贾·杰伊王公的协议，产自这一区域的大理石，不仅专供沙贾汗使用，而且直接送货上门。马克拉纳大理石呈乳白色，其中质量最好的石料并非完全实心而是微微透明，因而具有缥缈的质感——在日光和月光的照耀下，明显地呈现出不同的颜色。这种光芒与莫卧儿人的情感有一种特殊的共鸣，因为他们相信，落在坟墓上的光，喻示着神的存在。

运输大理石本身就是一项重任。数千吨巨大的大理石由牛车从采石场穿越印度斯坦平原运到工地，用于建造泰姬陵。曼里克·塞巴斯蒂安（Manrique Sebastian）在 1641 年的记载中如此描绘这一工程量："尺寸和长度均超乎寻常的大理石板，让众多强壮的公牛和看上去凶猛彪悍、长着巨大牛角的水牛，都筋疲力尽……每二三十只动物为一组，拖着大车行进。"[1] 采购大理石是一项皇家指令，为了获得全印度斯坦最好的大理石，他们不惜一切代价。同样地，也不存在短缺或其他无法克服的困难。1632 年 9 月，沙贾汗在给拉贾·杰伊王公的诏书中就明确写道："穆克沙（Mulkshah）已经被派往安布尔的新矿山，开采马卡拉纳大理石。建议安排租用大车运送大理石，并协助穆克沙尽可能多地采购到

对页：泰姬陵的巨大结构同时也是完美的平衡。在宏大的穹顶和相对较小的入口阶梯之间，能看到纪念碑性建筑的雄伟规模和人性化尺度——这一感性的证据在泰姬陵随处可见。

---

① Nicoll, F., op. cit., p. 192.

他想要的大理石。购买和搬运大理石的费用由他从国库中支付。给他一切别的帮助，让他尽快把大理石和雕刻家弄到首都来。"[1]

1633 年 2 月，采购作业达到了顶峰，这在皇帝的下一封诏书里写得很清楚："由于在首都的工程需要大量货车来运送大理石，所以之前就给你发了一封要求准备车辆的诏书。现在，我再一次要求你，如我之前所写，以最快的速度，租用最多的货车，派往马卡拉纳，以便尽快把大理石运到首都。请尽力协助伊拉达（Ilahdad），他负责将大理石运到阿克巴拉巴德。租用车辆的费用和之前购买大理石的账目开支，交由负责财务的马特萨迪（Mutsaddi）处理。"[2]

---

[1] Bikaner State Archives, S.N. 27. Also Begley, W.E., and Z.A.Desai, *Taj Mahal: The Illumined Tomb*, The Aga Khan Program for Islamic Architecture, Cambridge, MA, 1989, pp. 163-165.

[2] Begley, W.E., and Z.A.Desai, *Taj Mahal: The Illumined Tomb*, The Aga Khan Program for Islamic Architecture, Cambridge, MA, 1989, pp. 163-165.

五年过去了，采购难题依然存在。工程进行到现在，皇帝的要求已近乎荒唐无理，因为显然所有的资源都将集中在他的单一项目上。根据沙贾汗于 1637 年 6 月 21 日颁布的命令显示："听说你的人把一些石匠扣留在了安布尔和拉杰纳加尔（Rajnagar）。这造成了马卡拉纳石匠（矿工）的短缺，影响了大理石的采购。因此，我希望你把所有工匠都派到马卡拉纳供马特萨迪调遣。"[①]

按照工序，为了将想象中的大厦固定在不稳固的河岸，首先需要打下地基。关于地基的有趣记录来自 H.I.S. 坎瓦尔（H.I.S. Kanwar）先生，他是印度考古调查局的官方作者，曾在 1972 年写道："1631 年 11 月的第一周，估计那时候沙·舒贾王子还没有带着他母亲的棺材从布尔汉普尔离开，工地的找平工作已经圆满完成。紧接着，工程师们忙于下一个重要的任务，那就是修建一个足够坚固的地基，它需要承受重达十万吨的结构，包括大理石主陵及其平台、西面的清真寺以及稍后完工的东面的答辩厅，后两者都是红砂岩建筑……由于地基的北部边缘临河，亚穆纳河的一些特征可能刚好合适。河岸通常是坚硬的石块，沟谷众多。河面宽度在 500 英尺到 1/4 英里之间，深度一般，即使是雨季，也很少超过 10 英尺。在阿格拉流域，雨季时河流的平均深度为 8 英尺，旱季时为 2 英尺；但在极端的洪灾期间，水深接近 29 英尺。正常情况下，河水流速大约为每小时 2 英里，但在雨季，它的速度达到了每小时 7.5 英里。200 多年前，除了菲罗兹·沙·图格鲁克（Firoz Shah Tughlaq）[②]于 14 世纪下半叶在德里北部挖掘的几条运河，阿格拉地区几乎没有任何水渠可以分流巨大的水量，因此亚穆纳河变得更宽更深。据估计，在 1631 年至 1632 年期间，这条河的宽度在雨季延伸超过半英里，在旱季下降到 450 码[③]左右，其深度分别在 25 英尺至 12 英尺之间。我们的论点基于这样的前提，即作为莫卧儿帝国的首都，阿格拉是河流交通的中心。这一点从一张 150 年前的画作中

① Bhat, P.S., and A.L. Athawale, 'The Question of the Taj Mahal' (from *Itihas Patrika*, Vol. 5, pp. 98-111, 1985).
② Firoz Shah Tughlaq，德里苏丹国第三王朝图格鲁克王朝的第三位君主。——译者注
③ 1 码约为 0.9 米。——译者注

对页：大理石采自远离阿格拉的拉贾斯坦邦马卡拉纳地区，这里至今仍是印度最好的大理石矿区。如今，随着开采和运输工具的机械化，矿山挖掘的深度和广度比以往更甚，这种最纯净的乳白色大理石，依然是人们梦寐以求的石料。

下图：泰姬陵巨大的门道与整个建筑的规模完美匹配，书法雕刻也毫无瑕疵。在这样的雄心之下，人类显得微不足道。

也可以看出。画中描绘了亚穆纳河上，一条条船正划过泰姬陵北墙，墙上有两个入口，可以进入陵墓的地下墓穴，水面刚好位于入口下方，比花园的水平面低 37 英尺左右。这些入口的高度必须固定在观测到的最高水位之上。"[①]

　　泰姬陵的地基，或字面上所说的泰姬陵的基础，并不是传统的地基，而是一系列的结构，这些结构可以根据河流的波动水平而相应地调整。坎瓦尔描述了地基结构的高明之处："基础区域，也就是今天所说的大地下室，被分成三个部分，其中三分之一是主陵地基（313 平方英尺），其余两个部分均匀地往两侧延伸。主陵地基的部分，有深度约为 44 英尺的竖井，以适当的距离间隔。这些直径在 10 至 15 英尺之间的深井，主要集中在主陵地基下方，在 186 英尺 ×186 英尺的面积内约有 30 口井。沿大地下室的北部边缘，还有更多的深井，依 17、7、3 的序列排列，以使地基足够坚实，能够抵御河水的侵蚀。深井的底部填充着约 2.5 英尺厚的碎石灰泥混合物，上面垂直安放着婆罗双树木桩。这些直径 8 到 10 英寸、长度约 40 英尺的木桩，牢牢地扎根于河床底部。木桩每 9 根一组，以铜螺栓铆接铁箍拴住，每隔一段用轴固定。这些关于基础结构的信息，在 1958 年下半年一次偶然的调查中得到证实，当时印度考古调查局因担心大地下室的一侧可能出现坍塌而展开调查。木桩来自如今被称为北方邦（Uttar Pradesh）的特莱森林地区（Terel），因为这里比起同样出产婆罗双树木材的中央邦（Madhya Pradesh），离阿格拉更近。在地基中加入直立木桩，是因为木材不像全部用乱石堆成的地基那么坚硬，而是具有一定的弹性，可以减轻阿格拉地区频发的地震带来的影响。木材的使用表明，沙贾汗的建筑大师们已经掌握上述的抗震技巧，他们知道在地震中，上层建筑将仅限于左右摇摆而不是上下震动。这可能很好地解释了在过去三个多世纪中，泰姬陵为何能从这种危险里幸存。选择婆罗双树制作木桩是基于它的几个优点：作为实木，它以坚硬和耐用而闻名。在露天条件下，具有天然的防腐能力，不需添加其他物质或经特殊处理便可长久保存。莫卧儿王朝的建筑师们从一首古老的歌谣里知道了这

① Kanwar, H. I. S., op. cit.

左图：一幅绘制于 19 世纪的迷人画作显示，想复制泰姬陵的完美是多么困难。画笔难以描绘它的精致和细微之处，当时有许多类似的作品都描述了风景如画的泰姬陵，但几乎都不精确。这幅画的有趣之处在于，它显示了河流与这一不朽丰碑在 150 年前的关系。

如今，河岸已经发生了变化，不再适合航行。更重要的是它不再沿着陵墓的边缘流动。人们因此担心，地下水位的变化会影响到泰姬陵地基的稳固。相反，研究表明，泰姬陵虽历经风云变幻，依然坚如磐石。

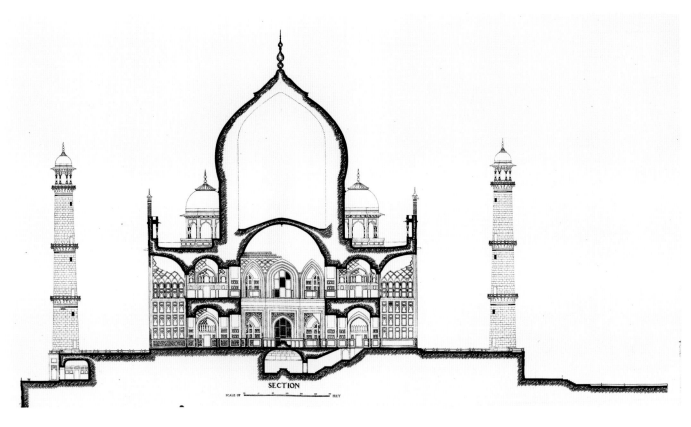

SECTION

SCALE OF [scale] FEET

TAJ MAHAL
AGRA

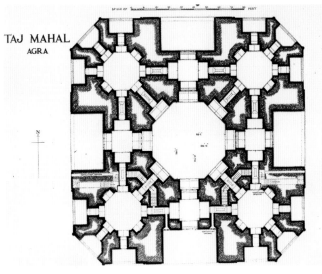

TAJ MAHAL
AGRA

SCALE OF [scale] FEET

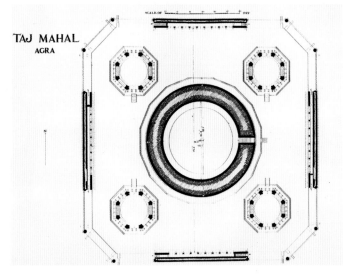

EAST NAUBAT KHANA
TAJ MAHAL
AGRA

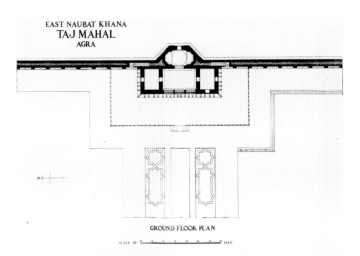

GROUND FLOOR PLAN

SCALE OF [scale] FEET

EAST NAUBAT KHANA
TAJ MAHAL
AGRA

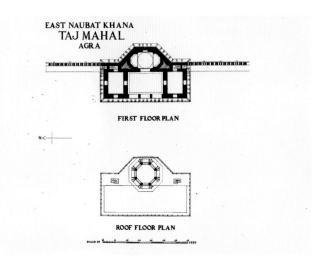

FIRST FLOOR PLAN

ROOF FLOOR PLAN

SCALE OF [scale] FEET

前页：泰姬陵是印度记载最为丰富的建筑之一。这些19世纪的画作比真实的效果图更能捕捉到室内的规模、高度和威严。

些。歌谣这样唱道：'绍萨尔卡利，绍萨尔帕利，绍萨尔加利（Sau sal kharhi, sau sal parhi, sau sal garhi）。'意为它可以'站着一个世纪，躺着一个世纪，埋在地下一个世纪'。同样，铜的加入主要有两个原因：一是防止铁锈产生；二是防止木材腐烂。在贱金属当中，铜的抗土壤腐蚀能力是非常突出的。根据阿布·法兹尔的记载，印度北部的好几个地方都产铜，尤其是拉杰普塔纳地区，自17世纪以来一直出产大量的铜矿。每口深井内的空隙部分，以及地基的其他地方，都填满了花岗岩、碎石和灰浆的混合物。1943年泰姬陵修缮期间对这种砂浆样品进行的化学分析表明，其中80%是碳酸钙，其余是铁、有机杂质、氧化镁、水分和硫酸盐等。这种砂浆混合物，特别是其中心部分，非常坚固。如果用普通的铅笔刀用力刻画，只能在表面刮出些微痕迹。把样品放在水中测试，不但没有软化的迹象，反而

保持了原来的硬度和密度。为确保清真寺内的壁龛正好位于陵墓以西，大地下室的北部边缘必须与东西方向齐平。因此，在打地基时，河岸在此区域内的沉降部分必须纳入考量，北部地基的水平面要比花园高出 4 英尺。"①

地基建成之后，需要将建筑材料吊装到上层。为此，人们修建了巨大的泥坡道，用大量的牛甚至大象来运送建筑材料。坡道的规模随建筑的修建逐渐扩大，据推测，这些坡道的长度甚至超过了 2 英里。人们还会注意到那些从印度本土以及亚洲其他地方搜罗而来的半宝石和高档石材。其中，红砂岩来自邻近的法塔赫布尔西格里城、坦布尔（Tantpur）和帕哈布尔（Paharpur），稀有的绿松石来自遥远的中国西藏，青金石来自阿富汗，蓝宝石来自锡兰，玛瑙石来自阿拉伯。总共有 28 种宝石和半宝石镶嵌在白色大理石上。②

当然，在施工过程中，工匠是至关重要的资源。就算没有详细描述，拉豪里也意识到了工匠的规模，他写道："大量技艺精湛的石材切割工匠、宝石雕刻工匠和硬石镶嵌工匠，从帝国的各个角落聚集在这里，他们各自身怀绝技，受命协同合作……"③工匠大师和他们的工人要么是被征召至此，要么是主动来到阿格拉寻求一份看上去有保障的工作。大理石工匠和一般的砂岩工匠不同，因为他们有专业的技能。

石头上，尤其是那些红砂岩基台上的记号，特别有意思。这种记号在印度的建筑上随处可见，包括博杰普尔（Bhojpur）的寺庙、印多尔（Indore）的拉吉瓦达堡（Rajwada）、小泰姬陵和法塔赫布尔西格里城。这些记号通常被称为石匠标记，全印度有超过 425 个建筑遗址上有这样的标记。有些只是符号，有些则是完整的名字。印度考古调查局翻译了这些名字，从而得到了一份关于泰姬陵现场施工人员的详细名单。符号可能是工程承包商的标志，他们手下的工人技术娴熟却不识字，因此每个工匠大师会让石材切割工匠刻上一个符号，以便系统计算工作量。至少在当时，

左图、底图：自巴布尔时代起，莫卧儿人就在打造阿格拉城市对岸的滨河地区。这些临河的花园实际上侵占了河流的冲积平原。泰姬陵的地基一直被视为一个工程奇迹，因为它们不仅支撑着河边高墙以抵御亚穆纳河的冲击，也为整个陵墓提供了坚实的基础。在河边建造这种规模的建筑绝非易事，尤其是当雨季来临，河水上涨到令人担忧的高度时。这种利用深井钉牢泰姬陵的方法，实际在沿河两岸的整个滨河地区都可以见到。随着时间的推移，泥沙淤积越来越多，许多河滨花园现在似乎都远离了河流，越来越多的深井地基得以显露。

---

① Kanwar, H.I. S., op. cit.

② Nath, R., *Taj Mahal and Its Incarnation*, The Historical Research and Documentation Program, Jaipur, 1985.

③ Begley, W.E., and Z.A.Desai, *Taj Mahal: The Illumined Tomb*, The Aga Khan Program for Islamic Architecture, Cambridge, MA, 1989, p. 66.

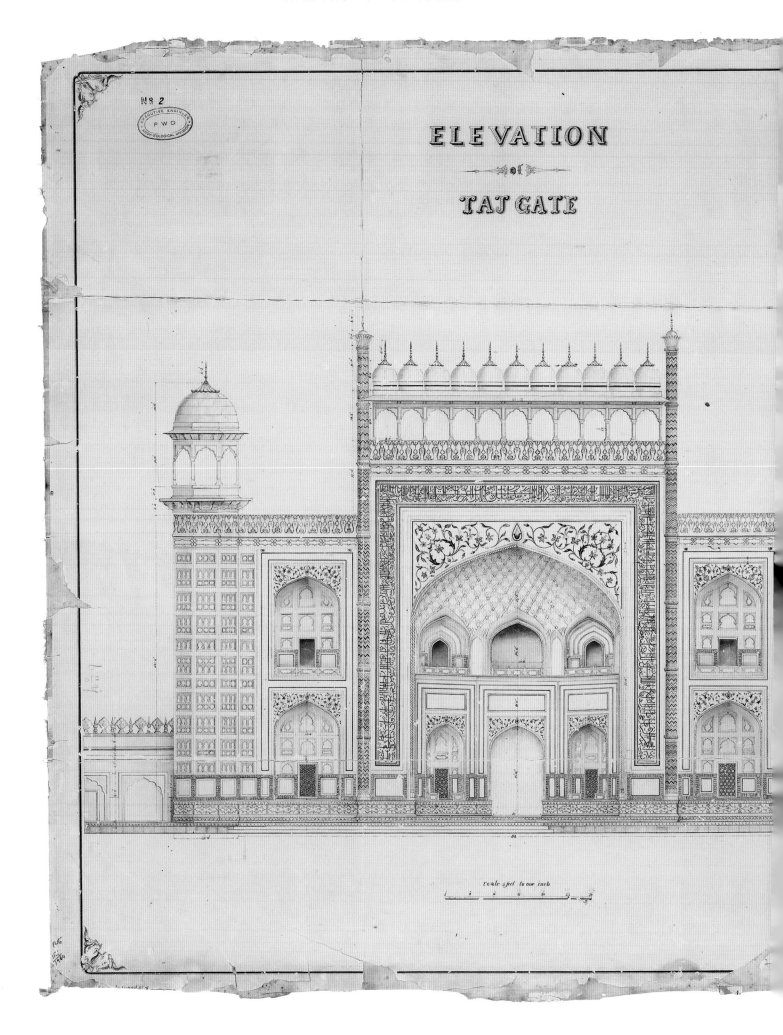

ELEVATION
of
TAJ GATE

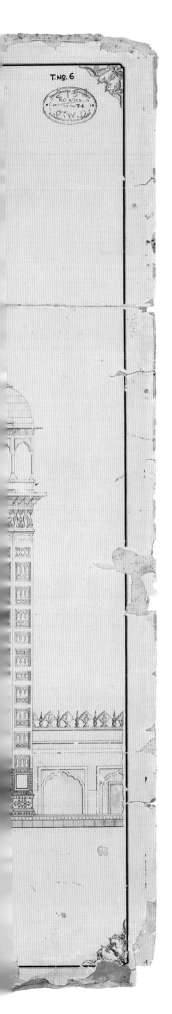

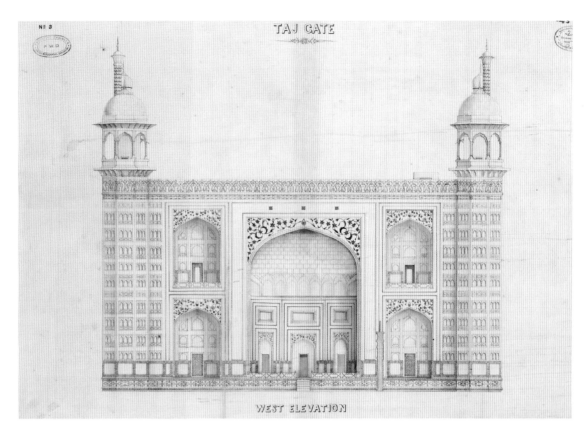

TAJ GATE

WEST ELEVATION

这些精心绘制的正门图是重要的档案记录。正门结构宏伟，由四座塔楼支撑。塔楼不仅界定了正门的规模，而且很好地屏蔽了公众窥视主陵的视线。正门的南立面被更小的圆顶覆盖，有人认为这表示建造泰姬陵花费的时间。虽然没有证据支撑这一说法，但这些小圆顶确实起到了分散建筑物庞大体量的作用，因为它们建于更小的拱门上。主拱门上方的书法雕刻召唤着公众"进入永生花园"。西立面如今很难看到，因为它几乎被淹没在进出泰姬陵的人潮中。正门的每个细节都完美无缺——标志着神圣与世俗转换的入口。

第150—157页：与规模宏大的建筑形成鲜明对比的，是墓室里的雕刻和镶嵌达到了设计与工艺的极致。虽然大理石屏风是后来为取代黄金屏风才添加的，但无论是雕刻还是镶嵌，都巧夺天工。每一朵花都是一件艺术品，每一片花瓣都是一件杰作，当它们被制造出来的时候，都闪烁着亚洲珠宝的光彩。

莫卧儿王朝覆灭之后，大部分珠宝被盗，如今剩下的基本上是替代品，只留下些许往昔的影子。好在墓室内部，大部分原始镶嵌得以保存，但衣冠冢四周才是精美镶嵌与雕刻最集中的地方。这些画本身也是艺术品，如实地描绘了装饰的每一处细节。

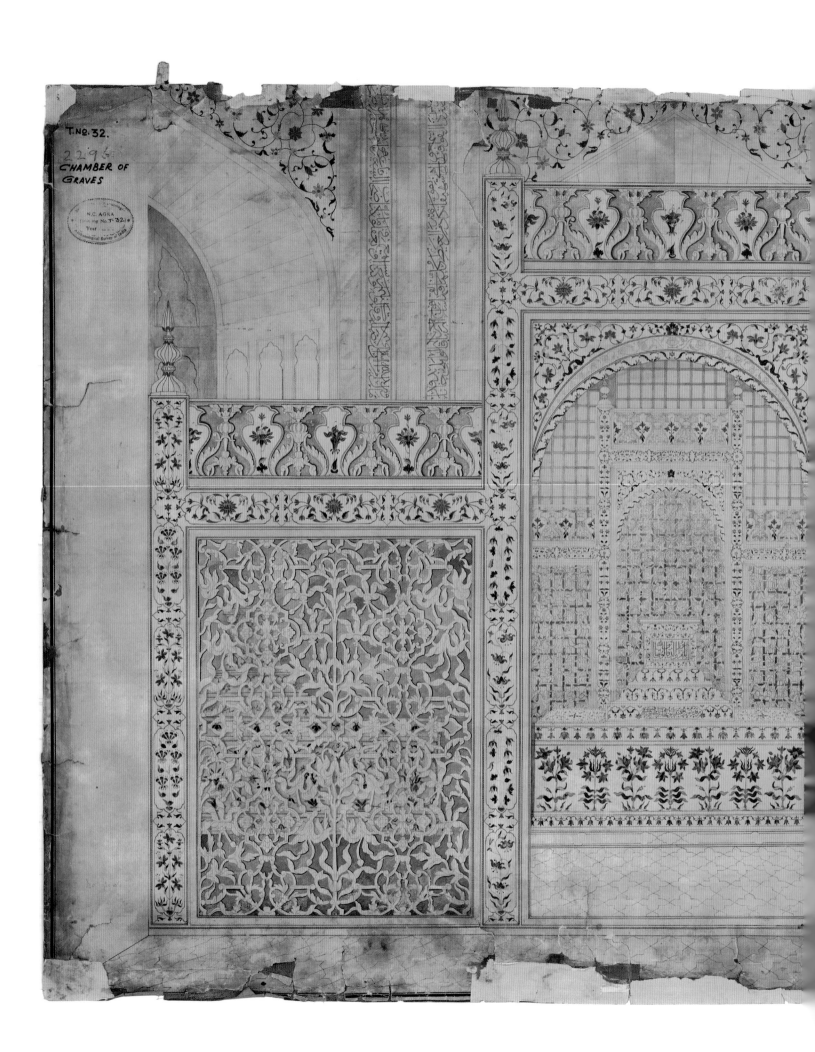

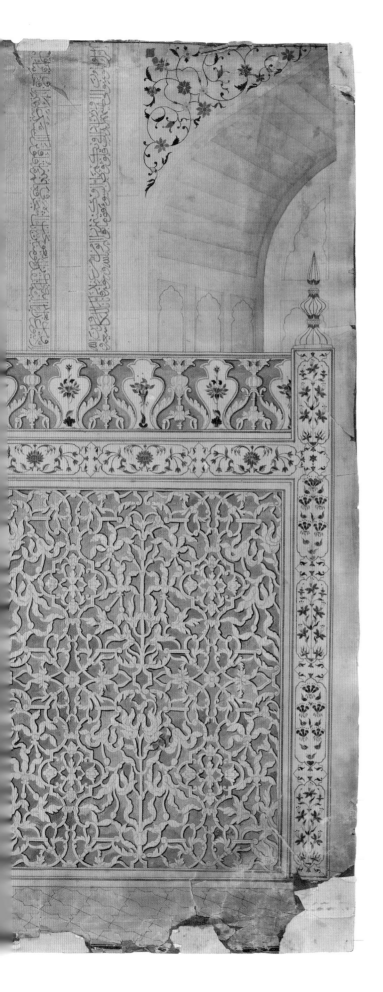

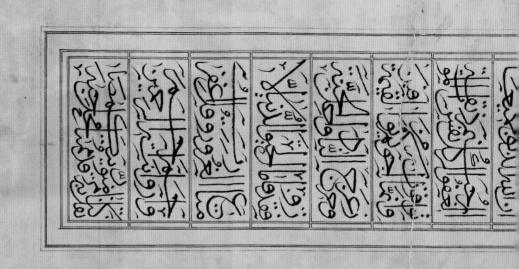

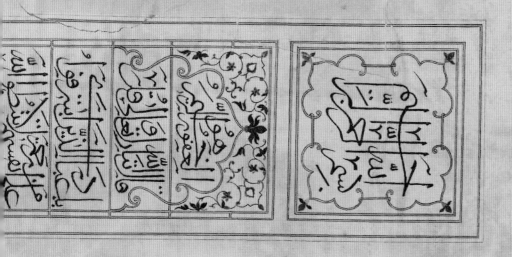

EAL GRAVE OF
SHAH JAHAN

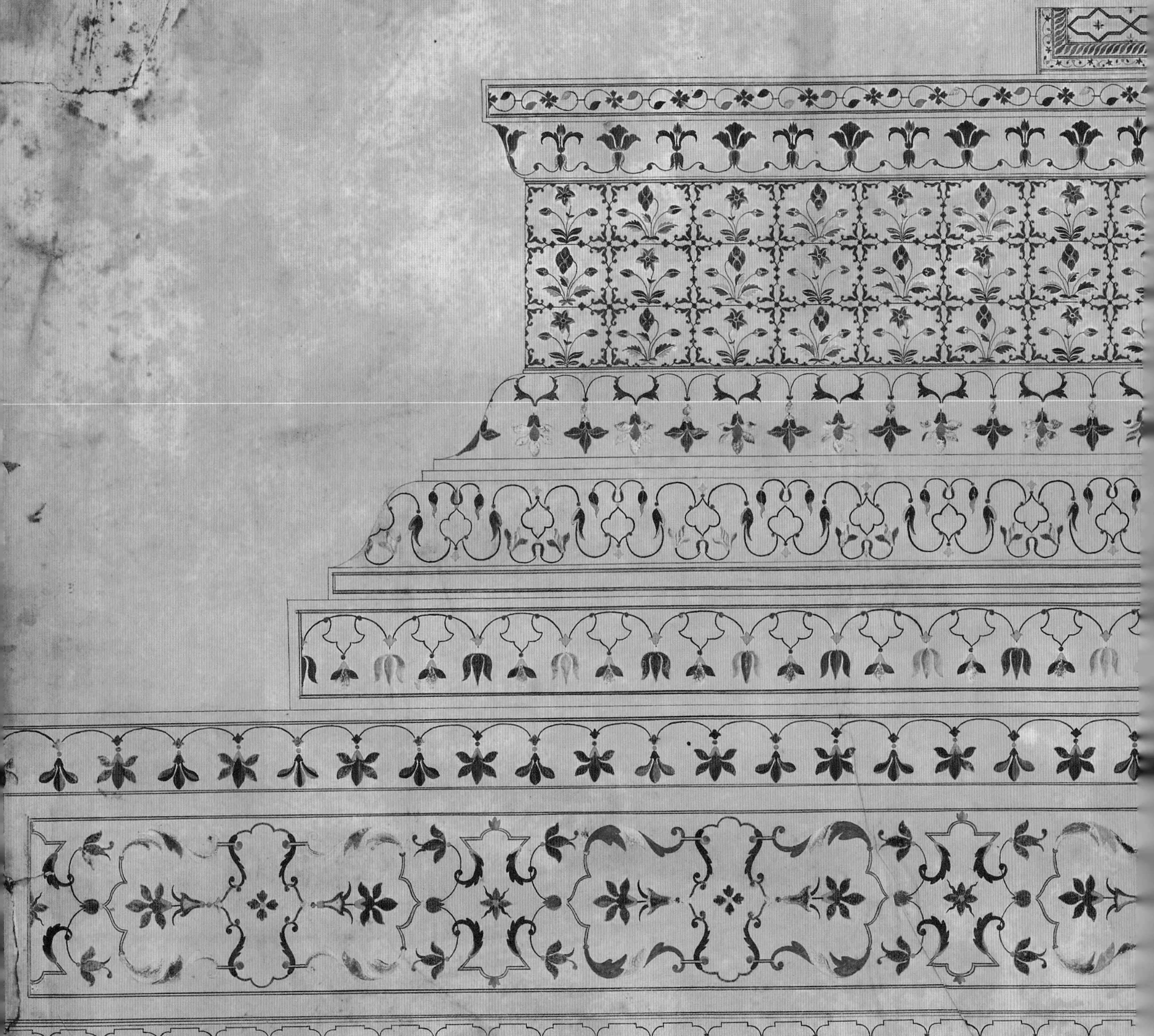

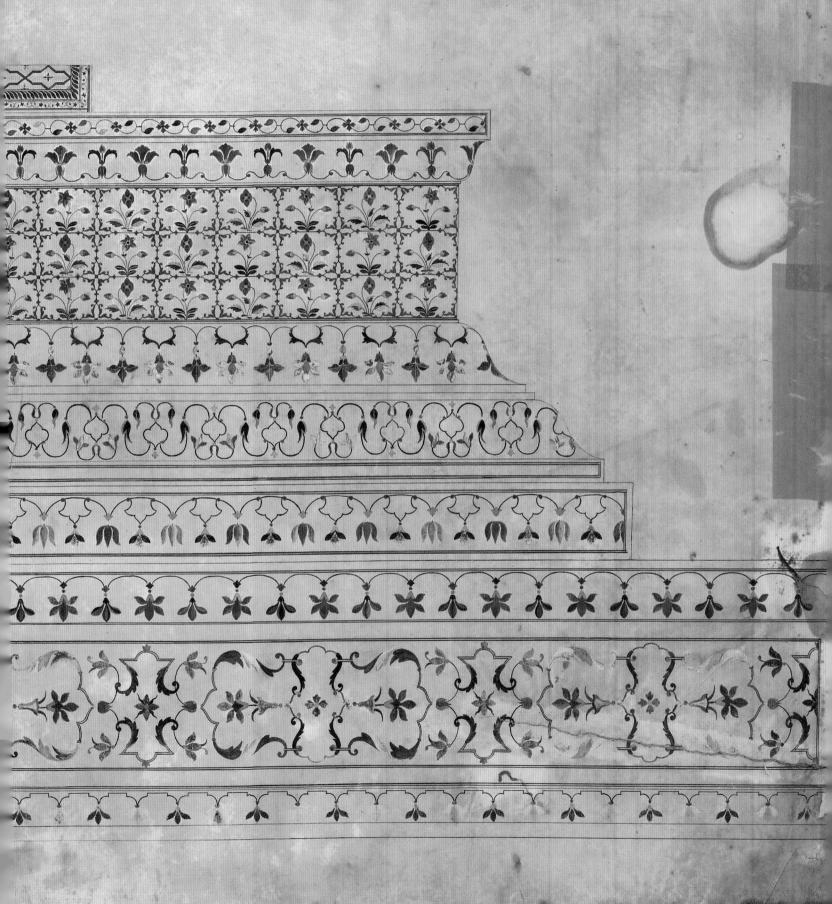

现场有 400 多个承包商，他们的石匠队伍各有标记。这些记号表明，修建泰姬陵的工程量远不止高大围墙之内的主建筑群，但这些工作常常被编年史家所忽视，因为他们只记录了工地现场的巨大投入。这些在砂岩上而不是在大理石上的显著标记，反映了在泰姬陵核心建筑之外，投入花园及周边地区的劳动力。

泰姬陵的外围建筑与核心建筑群一样，都是重要的转换空间。除了周边用于配套服务的建筑，即使是围墙本身，也是关键的建筑元素，是它把永生花园隔绝在里面。这些围墙的修建同样耗费大量的熟练劳动力，其规模值得关注。H.I.S. 坎瓦尔先生清晰地描述说："据推测，在场地平整完毕后，围墙的修建工作几乎立即开始了，也许和修建地基同步进行。围墙从河岸边界开始，同时向东西两个方向修建。城墙转角的地方以可爱的八角形塔楼作为装饰。从河岸到花园的南端仅相距 1500 英尺，途中有一口高 19.6 英尺、厚 6.8 英尺的井，就像我们今天所看到的

建造纪念碑需要大量劳动力。来自全国各地的工匠云集阿格拉，投身于这项在任何时代都堪称壮举的工程。石材切割工匠、雕刻工匠、镶嵌工匠，合力修建了这座独一无二的陵墓。他们中的一部分，在完工后前往德里为沙贾汗修建新首都，其余则回到家乡，子孙后代继续从事着相同的行业，尽管不再有如此大的规模。

上图：1922年的大洪水改变了阿格拉的水文景观，留下了堆积的淤泥。接下来的几年里，整个滨河地区都发生了变化。

右图：泰姬陵的保护工作已经进行了150多年，人为破坏和自然老化都对泰姬陵造成了损害。

那样。井的厚度有利于瞭望和巡视，因为卫兵可以踩着井沿，轻易地上下墙上的哨所。高井结构沉重，需要一个坚实的地基，因此它的深度在地面以下5英尺左右也不足为奇。抛开围墙不说，陵墓结构的核心部分以及泰姬陵建筑群的其他组成部分，都是砖墙结构，这就需要大量的砖和方便的材料来源。在泰姬陵遗址附近，我们发现了二氧化硅含量达到60%的黏土，非常适合制作手工砖块。平均尺寸为6.5英寸×4.5英寸×1.5英寸的砖，体积较小，因此需要更多的砂浆来黏合。以这种方法修建的核心建筑非常牢固，历经风吹雨打之后仍然经久耐用。随着工程的推进，我们不难想象工人的庞大数量，包括挖掘工、制砖工、泥瓦匠和其他工人。根据不久之后造访阿格拉的法国旅行者塔维尼尔的记载，在总共2万个劳动力中，砖石泥瓦工匠达到了数千人。[①]

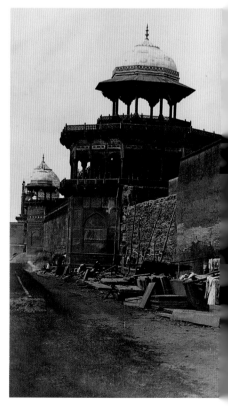

① Kanwar, H.I S., op. cit.

随着泰姬陵的主体建筑越修越高，脚手架也越来越密集。人们经常争论，脚手架到底是根据印度传统工艺用竹子制作，还是像早期记录里描述的那样，用砖砌成。制作砖块和大理石的工厂可能占地最多。仅仅是硬石镶嵌的准备工作就十分浩大，因为珠宝需要被切割到极其细微的尺寸，并镶嵌在皮西塔克那么高的地方；大理石被切成厚片，沿巨大的坡道铺装到位。这是一项具有里程碑意义的事业。

泰姬陵的修建用时超过 20 年，投入了 2 万多个劳动力，耗资 500 万卢比。贝格利指出，沙贾汗帝国全部的建筑预算为 2500 万卢比，500 万卢比占到了其中的 20%。沙贾哈纳巴德已经在建设中，显然为皇帝权力的膨胀提供了充足的支撑。因此，他不计一切代价建造泰姬陵。粮食被转运到阿格拉以养活工人，他们必须吃饱才能完成皇帝的永生花园。泰姬陵周边的土地在修建过程中被废弃；大量的劳动力及其家属暂居于此，几乎可以说住在巨大的工地里。尽管有工钱支出记录，但如何管理这规模空前的 2 万多名工人却鲜有记录。一些特定的名字曾在关于建筑的记录中出现过，但他们很可能是监督建筑关键工序的工匠大师。比如，安马纳特·汗和建筑师伊萨·西拉兹（Isa Shirazi）的月薪约为 1000 卢比，这相当于今天的 50 万卢比。有趣的是，来自坎大哈的泥瓦匠大师穆罕默德·哈尼夫（Muhammad Hanief）的收入也是这么多；但伊斯梅尔·汗·鲁米（Ismail Khan Rumi）因为不是贵族，只挣得到一半的工钱，尽管他肩负重任，要建造有史以来最好的圆顶建筑。人均收入 400 卢比的镶嵌工人是来自卡瑙季（Kannauj）的印度教徒，而雕花工人则来自布哈拉（Bukhara）。数千名工人曾生活在这里，以制砖或凿石为生，但却没有留下记载。或者说，他们中的许多人实际是在为皇帝创造永生花园的过程中，悄然死去。

瓦克夫是为永久维护陵墓而成立的基金，从阿克巴拉巴德和纳加尔金（Nagarchain）的宗教领袖哈里发统治下的 30 个村庄，每年可获得 40 万卢比的收入。拉豪里记录说，当时的决定是，如果陵墓建筑需要修缮，应该利用这些捐赠资金支付。这笔收入的三分之一来自所属村庄的捐赠，其余部分来自泰姬甘吉集市的贸易税收。任何盈余将由皇帝根据他认为合适的方式分配。除了支付日常维护费用

顶图：泰姬陵的正面，也就是北墙，在洪水之后完全被淤泥堵塞。渐渐地，皇帝的入口就看不见了。

上图：如何保存这一时期的遗迹是一个持续性的挑战，因为城市景观正发生着不可逆转的变化。

上图：成立之初的东印度公司
有大量描绘这座醒目纪念碑的
水彩画。其中有些是古典绘画，
严谨地记录了当时的场景；而
这幅画则更具装饰性，体现了
艺术家的想象力。

次页：陵墓的拱形穹顶显示了
穹顶的巨大高度，体现了当时
的高超工艺。内部精雕细刻，
穹顶和皮西塔克上的细节令人
眼花缭乱。

外，瓦克夫还为陵墓侍从和哈菲兹提供资金。哈菲兹日日夜夜都坐在陵墓里，反复诵经。在印度斯坦延续至今的生活传统中，泰姬陵的守陵人（khadim）仍以世袭制度而闻名，最后一位守陵人的直系后裔在 20 世纪受雇于印度考古调查局。

随着泰姬陵接近完工，脚手架逐渐拆下，它的魅力和完美突现于人们的想象之中和地域景观之上。当它最终揭开面纱之时，它的轮廓一定产生了前所未有的视觉冲击。空灵缥缈的穹顶，就像一块白纱，轻盈地覆盖在屋顶之上，让人目眩神迷。从建筑学的角度来看，泰姬陵穹顶的独特之处在于它架构在一个鼓状物上，如同优雅的脖颈，这让它看上去比实际重量轻得多——据说，这一构造受到人类头部与颈部比例的启发。优雅的脖颈上环绕着一圈雕花图案，所有的花朵都向下低垂，以示永远的哀思。

虽然有很多文字和记录都说明了穹顶的设计是如何的精确，但答辩厅地板上雕刻的穹顶草图还是极其罕见，上面标注了"74.22 米"这一数据。这就提出了一种可能性：在修建过程中，圆顶的设计可能是通过视觉观察和透

视矫正以及精确的数学计算进行过修正的。你只需要想象一下，拉豪里和他的技术员们坐在答辩厅的地板上，讨论着穹顶的精确弧度，正如地板上的符号和图纸所显示的那样。旁边的地板上，镶嵌着由 19 世纪的泰姬陵修复者制作的尖顶饰模板，以确保新造的尖顶饰和原件一模一样。这些遗存使泰姬陵的建造过程和微妙细节的演变跃然眼前。

穹顶顶部的装饰元素有倒扣的莲花、水壶（kalash）和尖顶饰——这些显而易见的文化融合元素，如今随处可见。根据拉豪里的记载，尖顶饰曾经通体包金，约 11 码高，使建筑总高达 107 码。拉豪里这样描述他对泰姬陵的整体感观："泰姬陵的里里外外，都是奇迹。工匠们用硬石镶嵌马赛克和其他各色彩石，创造了神奇。"①

泰姬陵充满了难以完全捕捉的细节和微妙差别。构思丰富、装饰精美的中心墓室，旨在提升精神境界。宝石镶嵌的工艺通常被认为起源于意大利，但泰姬陵则完全由印度工匠完成。尽管弗朗索瓦·伯尼尔把泰姬陵与佛罗伦萨美第奇大公教堂的硬石穹顶相比较，但几乎没有证据显示泰姬陵曾受到后者的启发。

当时，墓室里铺着华丽的波斯地毯，摆着黄金台灯和烛台。据说，通往入口的两扇巨大银门在 1764 年被苏拉杰·马尔（Suraj Mal）抢掠并熔化；而在更早的 1720 年，阿米尔·侯赛因·阿里·汗（Amir Husein Ali Khan）偷走了原本覆盖在衣冠冢上的一张用珍珠串成的毯子。类似的记录不胜枚举，或许说明了修建者对这座建筑的用心程度和壮志雄心：他不仅想创造一个概念上完美的事物，而且愿意为之付出一切。

但并非一切都是完美的。公元 1652 年，奥朗则布就任德干总督后，曾访问阿格拉并参观泰姬陵。随后，他在阿格拉之外的托尔布尔（Dholpur）写信描述了泰姬陵亟待修复的状况："圣洁庭院中建筑的神圣基础，仍然坚固稳定。但是在陵墓穹顶的北面，有两处缺口，雨季时存在漏水现象。同样，四个拱形的大门、几个二楼的阳台和四个小圆顶，也有渗水的情况发生。主穹顶大理石露台的北面，也有两处漏水。四个北室和七个拱形地下室已出现裂

今天，阿格拉以大理石雕刻和镶嵌闻名，而从事泰姬陵修复工作的高级技工，毫无疑问都来自当时移居阿格拉的工匠家庭。曾经受到破坏的珠宝镶嵌也得到了系统的修复，曾经 2 英寸厚的青金石镶嵌，现在也许只有几毫米深。

如今，仍有一些工匠还在修复泰姬陵的建筑构件，要么是更换丢失或损坏的大理石镶嵌，要么是修补被游客脚步磨损的地板。

泰姬陵非凡的硬石镶嵌展现了当时印度的高超技艺，尽管如今这一工艺的规模和应用范围已经发生了变化，但依然盛行。

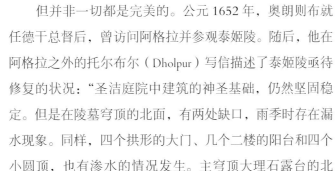

① Lahauri in Koch, Ebba, op. cit., p. 170.

缝。之前虽有过修复，但这些措施是否能够抵抗即将到来的雨季，还有待观察。清真寺和答辩厅的穹顶也会漏雨……主工程师认为，如果拆掉第二层的屋顶，重新用混凝土、半码厚的砂浆水泥铺设，那半空的拱顶、小房间和小穹顶，也许可以防水，但对主穹顶的修复却无计可施……长寿的保护者啊！一只邪恶的眼睛盯上了这座崇高的建筑。如果你威严的目光能关照它的修复，保护它的平安，就好了。"[1]在不到20年的时间里，圣墓的穹顶、半空的拱廊、四个小圆顶、清真寺及答辩厅的穹顶，都出现了不同程度的破损。自那之后，人们显然努力做了修复，但没有留下任何记录，如今这些问题似乎都已解决。

泰姬陵将是一个完美的波斯花园。在1643年举行第12个乌尔斯仪式时，主陵就修好了。"这是一个天堂般的花园，在这个368码见方的花园里，有各种果树和芳香

[1] Nicoll, F., op. cit., p. 196.

对页：泰姬陵的尖顶饰虽然在19世纪更换过一次，但它和建筑的其他元素一样，仍然是精工之作。

Vertical Section through the

左图：即便在今天看来，一系列绘制于18世纪的建筑图仍然是十分宝贵的记录。关于穹顶和地下墓穴的剖面图，对我们理解泰姬陵的规模和细节至关重要。

对页：这幅著名的泰姬陵早期绘画无比重要，因为它描绘了河对岸的月光花园，作为宏大设计的有机组成部分，与泰姬陵呈现出的完美对称。两个花园都有茂密的树木和运行良好的水渠。

对岸，月光花园已经完工，植物生长良好。花园与泰姬陵的传统布局有所区别，多了几条水道。花园临水一侧，有三个通风亭，在背面靠陆地一侧的门道侧翼，还有另外两个。图画顶部左边，阿格拉堡清晰可见，右端则可能是阿迦·汗的豪宅。

植物。四条宽 40 腕尺 [①] 的步道呈十字交叉，贯穿花园；中间一条 6 码宽的水道，流淌着来自亚穆纳河的水。花园中央是一个 28 码见方的平台，周围环绕着水渠。平台的中心是一个 16 码见方的水池，充盈着来自天堂的流水。水池里的喷泉涌动不息，整个世界仿佛都被这闪耀的水光照亮……这个永生花园的卓越之处，还包括它由红砂石铺就的步道，实在超乎想象。" [②] 拉豪里对花园的着墨远比对陵墓的描绘少得多，毕竟陵墓是如此的辉煌，以至于其他事物在它面前都黯然失色。那些巴布尔在《阿拉姆花园纪事》中生动描绘的植物，在拉豪里对泰姬陵花园的描述中却没有任何记录。不过，拉豪里记载到花园的物产会进行销售，并提到了几种和花园相关的果树和稀有的芳香植物。花园被水渠分开，水渠交汇于花园中央并形成一个水池，倒映出泰姬陵的身影。水渠左右两边的尽头各有一栋带三个房间的建筑，现在可能被错误地称为鼓楼（Naubat Khana）。这两栋建筑造型一致、相互对称，彼此互为镜像。

河对面的月光花园是一个经典的波斯花园，与泰姬陵的规模比例相似。这自然催生了"黑色泰姬陵"的传说——皇帝在河对岸，为自己修建的孪生陵墓。这可能出自民间流言，也可能是因为一些令人回味的诗歌。这些诗歌描绘了月夜时分倒映在月光花园黑色水池里的泰姬陵倒影。珀西·布朗（Percy Brown）在极具开创价值的《建筑史》（the History of Architecture）中对黑色泰姬陵的描绘，只是在历史学家和建筑系学生中激起了这种想法。幸运的是，最近的考古发掘揭示出月光花园的真实意图，它其实是泰姬陵建筑群的关键组成部分，编织了一个比黑色泰姬陵更具说服力的故事。

月光花园的河边露台中央有一个巨大的八角形水池，在满月之夜，泰姬陵的倒影完美地落于池中。这个宽 88 英尺，边缘呈扇形，有 25 个喷泉口的八角形水池，真的会在满月时分倒映出泰姬陵的身影吗？它会是黑暗而静谧的，还是闪烁着白色的光？这个稍纵即逝的倒影，是否更能代表皇帝的用心？

---

① 古代长度单位，约 45 厘米，或自肘至指尖的长度。——译者注

② Begley, W.E., and Z.A. Desai, *Taj Mahal: The Illumined Tomb*, The Aga Khan Program for Islamic Architecture, Cambridge, MA, 1989, p. 80.

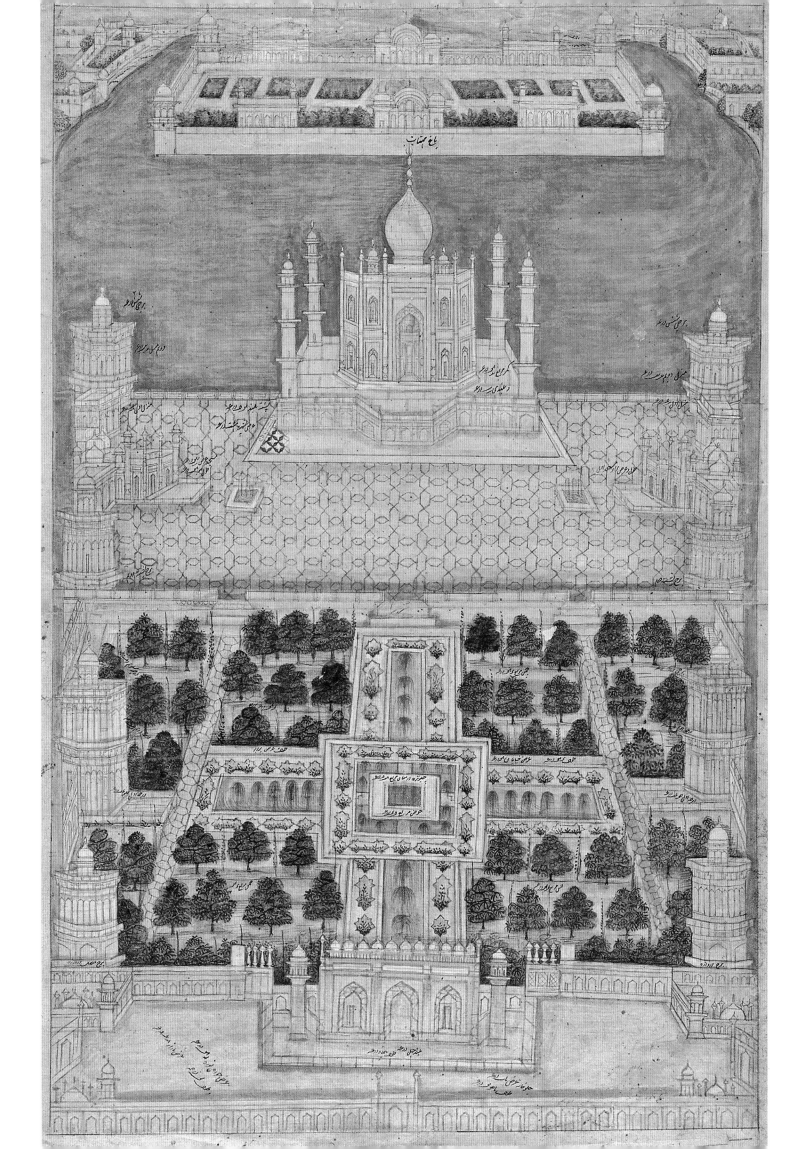

上图、对页：月光花园是一个失落的花园，直到20世纪考古学家才发现了与泰姬陵完美对称的塔楼和城墙遗址。很快就引发了这样的说法，即沙贾汗原本计划在这里为自己修建一座黑色泰姬陵，与爱妻的纯白泰姬陵相向而立。当著名的英国历史学家珀西·布朗发表了他认为代表皇帝初衷的宏伟蓝图后，这种说法逐渐流传开来。

倒影池下面有一个阶梯水井（abshar-i-chadari），水从这里流到第二个水池，池壁上有几层小壁龛，里面曾经也许安有小灯。花园西面是一个由砖井组成的水流系统。这些砖井沿河边深入河床，通过竹桶和绳索把水提到蓄水器中。在一个架高的平台上，被抽上来的水集中通过渡槽流入花园西南塔旁边一个更大的高架水箱中，再从那里流向花园各处。

这一水流系统与泰姬陵花园里的水流系统相似，但规模稍小。在交叉水道的四个尽头，原本各有一个通风亭，如今只有地基尚存。东面残存的亭子地基，是典型的沙贾汗风格。月光花园的光芒如昙花一现，正如奥朗则布在1652年所记录的那样，"月光花园被彻底淹没，光芒尽失，但八角形水池和周围的通风亭却风采依旧"[1]。然而，它们最后也未能幸存。位于泰姬陵对岸亚穆纳河冲积平原的月光花园，在时光的洪流中，几乎完全被抹去。

月光花园被洪水淹没了好几个世纪。在最近的20年，

① Moynihan, E., *The Moonlight Garden*, Arthur M. Sackler Gallery, Smithsonian Institution in association with the University of Washington, Seattle and London, 2000, p. 28.

人们才逐渐意识到，皇帝并无意在河对岸为自己修建传说中的黑色泰姬陵，相反，他的野心更甚。这个更加宏伟的计划，以亚穆纳河为中心轴，两侧各有一个波斯花园，体现出强大而极具象征性的创意设计。

　　泰姬陵堪称世界上最宏伟的陵墓之一，多年来欧洲旅行作家们一直宣称其设计、布局和建造源自欧洲概念。威尼斯人杰洛尼摩·佛罗尼欧（Geronimo Veroneo）曾名噪一时，因为曼里克神父（Father Manrique）的记载显示他是泰姬陵的建筑师。但实际上，他不过是一个珠宝商，曾拜访过沙贾汗的宫廷，并死于拉合尔。按照当时的传统，他的遗体被带回阿格拉，埋葬在一个基督教墓地里，墓碑上空空如也。一个基督徒不太可能被雇佣来建造这个神圣的空间，但这个神圣空间实在太不可思议了，以至于那些造访过它的人认为，只有欧洲人才能有这样的伟略。

　　另一个传说认为，泰姬陵是由土耳其苏丹派来的伊萨·穆罕默德·埃芬迪（Isa Muhammad Effendi）设计，大约200年后，他以泰姬陵设计师的身份被记录在《塔里克-泰姬陵》（Tarikh-i-Taj Mahal，陵墓守护者杜撰出来的记录）中。现在有明确证据显示，拉豪里、安马纳特·汗和其他莫卧

早在20世纪90年代，印度考古调查局就和史密森尼学会（the Smithsonian Institute）合作，对月光花园进行了细致的发掘和研究，找到了它的花园和八角形倒影池，以及连接平台和低层池塘的池壁。原来的花园大部分都消失无踪，整个遗迹被掩埋在淤积了300年的泥层下。如今河床的水平面比花园高出许多。

儿宫廷编年史家的记载相当可靠。但从所有学术记载来看，设计和修建泰姬陵的荣誉，应当属于那些留下痕迹的人——那些在工地上生活和工作的工匠，是他们实现了皇帝的梦想。

除了工匠大师，成百上千的工人最终完成了泰姬陵的建设。他们身负各种技艺和责任，却很少留下功名。有传言说，他们的手指被切断，眼睛被刺瞎，以致于无法想象或参与另一座可能媲美泰姬陵的建筑。他们参与泰姬陵修建的唯一证据也许就是在建筑群各处隐约可见的工匠符号。当我们深入泰姬陵工匠后裔群体，迫切地寻找保护泰姬陵的故事时，这些微妙的痕迹在今天引起了更强烈的共鸣。

在泰姬陵中发现的工匠印记被刻在红砂岩石板、步道、基座和人行道上，但在陵墓的白色大理石上却没有发现。在阿格拉、特普尔锡克里和旧德里的其他纪念碑建筑上，我们也发现了这种印记。早期的印度教建筑中也有类似证据。因此，它们可能是工会象征，也可能是一套记账方法。在泰姬陵中，基座的正面通常刻有完整的名字，也

左图：月光花园提水系统的井基残迹证实了曾经宏大的花园计划。

下图：月光花园作为泰姬陵宏伟计划的一部分，在亚穆纳河冲积平原上的存续时间很短，几年之内便被淹没，现今依然如此。它与泰姬陵形成完美对称，也许是用作享乐花园，方便从这里欣赏当时被视为神圣空间的泰姬陵。它还有一个类似泰姬陵的供水系统。支撑供水系统的水井遗存显示，在过去几个世纪里，土地和水位发生了巨大的变化。

左图：主陵正对面就是八角形水池，一个有着 25 个喷泉的巨大水体。当水池蓄满水时，泰姬陵的倒影就会出现在池中。当喷泉喷水时，倒影就如同在摇曳的河水中一般，转瞬即逝。画面所示的低层水池、水渠、带有壁龛的池壁和小径使这里成为一个独特的花园，一个皇家的公共空间，而不是河对岸的神圣空间。

上图、右图：泰姬陵在其鼎盛时期总是熙熙攘攘。有前来致敬的贵族，有参加祈祷的宫廷仕女，有彻夜念经的伊玛目（imams，清真寺内带领教徒做礼拜的人），还有负责管理现场、提供服务的守陵人。因此，花园是设计的有机组成部分，在炎热的夏日确保有凉爽的路径，在其他季节里有花果的芬芳。

这些花园曾经绿树成荫、芳草遍地。但这些景观在20世纪初被彻底清除，一旦没有了流水、花香和果实，花园便失去了存在的价值和神圣的意义。

左图：这幅沙贾汗的葬礼图完全是艺术家的想象。众所周知，当他去世时，奥朗则布几乎是秘密地把他的尸体用船运走，葬在了他妻子的旁边。这位世界之王没有得到与之相配的排场和仪式。对页上显示的泰姬陵是一个神圣的空间，天使从上面洒下金粉。而在平台上，欧洲旅行者或征服者们把莫卧儿王朝的皇陵据为己有，甚至躺在地板上，由印度仆人伺候着。他们永久地破坏了陵墓的神圣性。

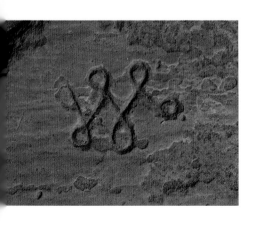

许是工匠大师的名字；而铺路石或台阶上的符号，则有可能指代工匠大师手下的工人。

他们使用了各式各样的符号。例如"万字符"，尽管它应该以相反的顺序使用。还有几何符号，甚至花卉符号。建筑师、工程师以及各个工种的工人无疑都留下了他们的个人记号。其中最著名的是安马纳特·汗在陵墓书法铭文上留下的日期。也许还有更多的符号有待全面分析，这些未解之谜使泰姬陵充满神秘。

尽管阿克巴在征服古吉拉特邦之后，便把那里的工匠派去修建法塔赫布尔西格里城和阿格拉堡的大部分地区，但红砂岩雕刻还是在沙贾汗统治时期达到了顶峰。由此产生的综合风格和技艺，使阿格拉的遗产与众不同。

次页：这幅 1860 年的英国素描图，显示了阿格拉堡的田园风光，当时亚穆纳河仍可用作航运和娱乐。在几十年的时间里，河滨地区开始了工业化，永远地改变了这一景观以及阿格拉的城市风貌。

第四章

改变城市景观

如今，在阿格拉尘土飞扬、混乱不堪的城市景观中，人们不可能看到优雅的林荫小道和豪宅林立的河滨，以及亚穆纳河里流动着的来自喜马拉雅的雪水。从历史上看，阿格拉的命运和它的统治者息息相关。只要统治中心位于阿格拉，它便繁荣昌盛。而得益于这种兴盛的，更多的是统治者，而非被统治者。这种命运一直伴随着阿格拉进入21世纪。

400年前，阿格拉比现在更加国际化。皇帝的大臣副手们不仅有莫卧儿人，还有波斯人和土耳其人。在沙贾汗统治时期，阿格拉是一个大熔炉，吸引了来自世界各地的旅行者和商人。异国商品的供应商出入于宫廷。从葡萄牙传教士到流动的英国商人，都为莫卧儿首都的规模和气度所倾倒——他们之前对此一无所知。1611年威廉·芬奇（William Finch）到达阿格拉时，迎接他的居然是一名英国雇佣兵、三名法国士兵、一名荷兰工程师和一名威尼斯商人！

阿格拉在阿克巴统治的鼎盛时期是一个极度繁荣的城市。因为不愁没有活路，工匠们从乡村移居城市。制作丝绸、蕾丝和头巾上的金银刺绣的工匠在《阿克巴编年史》（*Khulasat-ul-Tawarikh*）里都有所提及。阿克巴还创立了地毯编织业，尽管进口地毯，尤其是波斯地毯，仍然在源源不断地输入阿格拉。皇家作坊里织出的地毯，长度超过20码，宽度将近7码。除了地毯，阿格拉还出产各式各样的纺织品，并在16、17世纪，成为靛蓝的制造中心。阿格拉和法塔赫布尔西格里还是陶器、象牙和金属制品的重要产地，特别是制作精良的剑、盾牌、匕首和链甲。到泰姬陵建成时，石刻工艺已达到顶峰，几乎成为一项产业。阿格拉融合了印度斯坦和其他各地的技术，许多人聚集在这里，共同创造了世界上最好的建筑。

到1707年奥朗则布去世时，莫卧儿人统治印度斯坦已经180多年了。在17世纪30年代，沙贾汗亲自宣告了这座伟大城市的终结，他将首都迁往德里，并开始建设自己

对页：阿格拉堡的亭子，是英国人欣赏泰姬陵的最佳位置。

本页：冒险家约翰·威廉·海辛（John William Hessing）的陵墓，由其妻于1803年修建以作纪念，是阿格拉殖民时代较受欢迎的遗产之一。这座小巧的陵墓位于罗马天主教墓园内，是一座带有尖塔和宝顶的卓越建筑，代表了阿格拉作为文化大熔炉时期的精湛工艺。

宏伟的新首都。尽管当时泰姬陵尚未完工，他还是把精心挑选的监工马克拉马特·汗（Makramat Khan）和安马纳特·汗派去建造他的新城堡和新城市。当孔雀王座迁至德里时，阿格拉的命运就此注定。贵族们注意到这一举动的象征意义，也随之搬到德里，居住在沙贾哈纳巴德华丽的豪宅里。沙贾汗开始了挥霍无度的生活，这种极度奢靡的作风最终摧毁了他，也在很大程度上导致他显赫一时的统治生涯以耻辱告终。

奥朗则布也离阿格拉而去，而且因为与德干苏丹和马拉地人（居住于印度中西部）的战争，他甚至无法坐镇德里——在其统治期间，大部分时间都远在国外。王位的继承注定是混乱的，尽管奥朗则布之后还有11位莫卧儿皇帝，但自相残杀导致后继无人，皇室血统逐渐衰落，子孙后代分崩离析。1739年，波斯国王纳迪尔·沙（Nadir Shah）意识到这里的统治已如西风落叶，便一举入侵德里，夺取了孔雀王座，结束了莫卧儿王朝的统治。从此，莫卧儿帝国将被一个截然不同的欧洲帝国所取代——这个欧洲帝国终将改变印度斯坦，对阿格拉的改变更是不可逆转。

城市版图

在奥朗则布死后的100年里，阿格拉不断被掠夺，而那些没有被洗劫和带走的东西，也逐渐消失。苏拉吉·马尔（Suraj Mal），巴拉特普尔邦（Bharatpur）的贾特人统治者，是最臭名昭著的抢劫者之一。他从泰姬陵和阿格拉堡搬出战利品，安置在他在迪格（Deeg）的享乐宫殿中。马拉塔帝国（Maratha）①的势力在阿格拉幸存下来，但就算辛迪亚（Scindia）控制了这座城市，他也并没有居住下来。相反，他指派他的指挥官庇隆将军（General Peron）——一名曾担任阿格拉堡军队总督的雇佣兵掌管阿格拉。不久，庇隆将军就被海辛上校（Col. Hessing）于1799年取代。海辛上校曾是一名荷兰指挥官，如今加入了辛迪亚的麾下。但他任职后不久，就在对抗东印度公司的战斗中牺牲了。

虽然海辛上校在阿格拉的任期很短，但很显然，泰姬

① Maratha，17世纪末，莫卧儿帝国国势转弱，马拉塔帝国趁势而起。19世纪初，因分裂内斗，被英国殖民者瓦解。——译者注

陵深深地影响了他的家人，以至于他们认为最合适的纪念方式，就是在阿格拉的罗马天主教墓园里，为他修建一座复制的泰姬陵。这座陵墓完全由红砂岩建造，与泰姬陵相比，它就是一座微缩版的陵墓。尽管如此，它仍然矗立在一个 3.4 米高的方形平台上。陵墓是一次高超的，也可以说是自命不凡的改造，甚至还有一个回廊环绕的墓穴。纤细的角楼与中间伊万（iwan）①的框架相连，整个建筑以优雅的尖顶饰和迷人的穹顶做冠，顶部是莲花和水壶状装饰物。海辛上校的墓志铭略显傲慢："当约翰·威廉·海辛上校离开人世之时，他留下了数百个分离的伤疤。他生于荷兰，属于荷兰。由于上帝的恩典，他在印度赢得了声名。"

---

① iwan，是波斯和伊斯兰建筑中常见的一种长方形、带有拱顶的建筑，三面围墙，一面开放。——编者注

上图：阿格拉的精湛工艺在陵墓外立面的这一细节中体现得淋漓尽致。

下图：英国人使用阿格拉堡的不同方式给它带来了明显的变化。早些年间，宏伟的宫殿内部几乎没有什么价值，大部分被军队占用的堡垒都被污损或重建。但从 20 世纪开始，人们孜孜不倦地进行保护，使建筑物内部免遭破坏。

1803 年，东印度公司逐渐崛起，成为一支敌对势力。他们处心积虑，在德里扶持失明的沙·阿拉姆（Shah Alam）为印度的傀儡皇帝。阿格拉从曾经辉煌的莫卧儿帝国首都转变为莫菲西尔属地（Mofussil）①——一个英国商人磨炼其政治抱负的试验场。他们占领了阿格拉堡，夺取了剩余的宝藏，并在两年内建立起外围营地。

在随后的几年里，若干城市改造项目相继推出。1837 年，为救济饥荒，阿格拉修建了斯特兰德路（The Strand Road）。一马平川的代价是从阿格拉堡往北延伸到一个巨大公园为止，沿途的滨河豪宅都被夷为平地。与之截然不同的，是约 200 年前伯尼尔到访阿格拉时留下的深刻印象："从高处俯瞰时，阿格拉更像是一个乡村小镇。它的景观充满了田园风情，丰富多彩、令人愉悦。达官贵人们总是想办法在花园里或庭院里种上遮阴的树木，穆斯林贵族、王公邦主和其他人的豪宅都点缀

---

① Mofussil，属于东印度公司管辖的印度领土，在法律上交叉使用英国法、印度法或伊斯兰法。——译者注

着繁茂的绿叶，其间穿插着印度商人（Banyanes）[①]和非犹太商人（Gentile）[②]的高大石屋，看上去像是掩映在森林里的古堡。在一个炎热干燥的国度，人们总是在寻找青葱的草木以获得清新和舒适，这样的景色让人颇感欣喜。"[③]

斯特兰德路实际上抹去了莫卧儿帝国曾经强大的统治者们的宅邸。慕塔芝·玛哈的父亲，同时也是备受沙贾汗信任的首席长官——阿萨夫·汗的宅邸最初被东印度公司的官员占据，但后来，据说在1857年，连同其他"本土势力"的据点一起被炸毁。1881年，在达罗·悉乔宅邸原址上，修建起了市政厅和市政办公室。毫无疑问，这是为了确保穆斯林贵族永远不再拥有权力和影响力，甚至永远离开这座城市。

在《莫卧儿王朝建筑装饰艺术史》（*History of Decorative Art in Mughal Architecture*）一书中，R. 纳什对东印度公司提出了严厉的控诉。他说，仅仅在阿格拉就有270座美丽的历史遗迹，但在1803年阿格拉被英国侵占之后，只有40座得以幸存下来。这里本是莫卧儿王朝的首都，如今变成英国的二级城市，一种新型的印度城市——兵营。这类城市改造显然在殖民过程中起着重要的作用，不仅彻底改变了城市景观所体现的权力关系，更重要的是，改变了数百年来演化而成的自然景观和社会生态平衡。

1857年第一次印度独立战争期间，阿格拉再次被洗劫一空，英国人在试图粉碎印度民族大起义的过程中，手段强硬而残忍。阿格拉堡成为军队驻扎之地：美丽的堡垒里修起了营房；还有士兵住在大理石亭子里；英国军官在阿格拉堡内设防达三个月之久；去世的指挥官被葬在了觐见大厅的前面。这段时期是历史上重要的篇章，其深远影响不亚于阿克巴大帝200多年前重建阿格拉堡。1857年的印度独立战争终结了东印度公司的统治，印度成为大英帝国的一部分。考虑到用区区数百人控制印度，以及王公邦主及其军队保持忠诚的可能性，英国政府重新构筑了城

上图：雅致的大理石屏风、精心镶嵌的柱子和幽静的镜宫，都是城堡中引人注目的建筑。在莫卧儿帝国崩溃之后，城堡遭到大肆掠夺，其中一些部件被运往迪格，成为其建筑不可分割的一部分；还有一根重工镶嵌的柱子被移到当时行政专员的官邸。

---

① Banyanes，从事跨印度洋贸易的印度商人，在16—19世纪期间，垄断了马萨瓦地区的港口贸易、借贷行业和采珠场。——译者注

② Gentile，犹太人对非犹太人的称呼。——译者注

③ François Bernier in Nath, R., *Agra And Its Monumental Glory*, op. cit., p. 15.

市的管理体系，以确保不受控制的当地反抗势力无法威胁其统治。

其他改造措施也相继施行。显然，英国占领者如同巴布尔一样，需要在炎热和脏乱的印度找到一丝慰藉。巴布尔的波斯花园被改成一座宾馆，铺上了新的地板，凉亭上安装了遮阳棚。泰姬陵东边靠近河岸的地方，原来的庞大宫殿以及庭院花园都了无踪迹。汗·多兰·汗（Khan Dauran Khan）的宫殿遗址拉尔迪瓦（Lal Diwar）、大维齐尔（grand vizier，即总理大臣）艾哈迈德·布哈里（Ahmad Bukhari）的圣墓以及慕塔芝·玛哈母亲的坟墓遗址，都在这些剧变的过程中消失了。此外，一条巨大的铁路把阿格拉的居民和新统治者隔开，铁路贯穿城市心脏地带，并成为北印度铁路的枢纽。

泰姬甘吉市场当时被称为慕塔芝巴德（Mumtazabad），在那里有一些很重要的小巷。本页顶部的雷沙姆巷曾是熙熙攘攘的旅馆区和丝绸市场，前来参加泰姬陵纪念活动的访客经常出入这里。上图的奥马尔·汗巷曾经是一个大旅馆，为众多泰姬陵游客提供餐饮住宿服务，而顶部中央（右上）的乔吉达斯巷是另一个主要的旅馆区。

右中：这是阿格拉营地的一栋小屋。当人们揭开茅草屋顶后，发现了一座坟墓，而这里以前曾是一处住宅。阿格拉的许多遗产就像这样被侵占。

右图：当时的纪念碑千差万别，甚至阿克巴最喜欢的战马，也有自己的纪念碑，恰好位于通往阿克巴陵锡坎德拉的路上。

　　斯特兰德路的开通也是亚穆纳河全新命运的起点。它曾是用于运输的主要水路，很多古老的画作都展示出以往的繁华。由雪水融化而成的亚穆纳河原本清澈见底，现在却因河流用途以及河岸与城市关系的彻底变化而受到影响。如今，在沿河一带新建了很多工业区，亚穆纳河神圣的河水逐渐被周边新兴工厂排出的工业污水玷污。河滩上那些令人心旷神怡的花园，久而久之变成了墓葬遗址，面对着河对岸大片的工业区。随着铁路的修建和公路的发展，阿格拉出现了双重的改变：一方面，这条河不再是主要的运输通道；另一方面，货物的进口变得容易，从而损害了本地的产业。

顶图：贾汉吉尔休闲享乐的楼阁，为适应英军需要而被"翻新"，在楼顶加盖了一层。

上图：这是同一栋楼阁。印度考古调查局移除了加盖的楼层，重新恢复了它原有的结构。

1867 到 1868 年期间，瓦尔·C·普林塞普（Val. C. Princep）到访阿格拉，参观了一座监狱，这里实际上是印度最大的地毯生产车间："2400 个人穿着类似的衣服，当你从他们身边走过，他们会蹲下来，拍掌报出自己的囚号……这些地毯非常好——但是也不是那么好。作为当地制造业的代表，这些地毯有自己的独特之处……但我不得不承认，这些地毯跟其他地方制造出来的地毯相比，毫无艺术感，因为这些生产制造者都是下等人……这只是一个例子，这些人虽然劳心劳力，但缺乏对艺术的认知。"①

① Princep, Val. C., *Imperial India: An Artist's Journals*, 1876-77, Chapman and Hall, London, 1879, reprint Asian Education Services, New Delhi, 2011, p. 60.

1884年，在这个地区有65000名工匠，大多数的大师级工匠仍然操练着传统工艺，特别是制鞋和制作金属器。泰姬甘吉市场也日渐萧条，到现在都没有恢复过来。但在20世纪早期，作为第一次世界大战的物资供应中心，阿格拉的工业也随之转型，以满足需求。一些传统工业逐步开始商业化，手工制作的鞋子被"带鞋帮"的靴子取代，战士们穿着靴子参战。虽然这与阿克巴大帝的要求并无不同，但这标志着从手工业向半工业化生产的转变。玻璃制品大量出口，精美的地毯也进入了工厂进行生产。莫卧儿帝国的优质地毯被普通日常地毯所替代。到了二战时期，由于这座城市在战争中为帝国的利益服务，沿海地区的工业生产因此达到了新的高度。

左图、下图：阿格拉堡的命运正在发生转变，这个要塞之地几乎已被废弃，看起来如此荒凉。随着遮阳凉棚和其他装饰元素的脱落，阿格拉堡的宏伟气势逐渐减弱，但仍是无可取代的景观。

到了19世纪末，城堡周边几乎全部荒废，护城河已经被填平，就连大门也失去了往日的威风。

下图："从高处俯瞰时，阿格拉更像是一个乡村小镇。它的景观充满了田园风情，丰富多姿、令人愉悦。达官贵人们总是想办法在花园里或庭院里种上遮阴的树木，穆斯林贵族、王公邦主和其他人的豪宅都点缀着繁茂的绿叶，其间穿插着印度商人和非犹太商人的高大石屋，看上去像是掩映在森林里的古堡。在一个炎热干燥的国度，人们总是在寻找青葱的草木以获得清新和舒适，这样的景色让人颇感欣喜。"伯尼尔如此评价道。

失落的天堂

位于城市之外，泰姬陵虽也倍受轻视，但仍然保存了下来。这一矛盾现象使两种截然不同的文化之间的相处变得合理。1972年，大卫·卡罗尔（David Carroll）注意到："19世纪初，阿格拉和德里这两座城市被征用为军事要塞。大理石浮雕被损毁，花园被践踏，取而代之的是一排排丑陋的军营，到今天仍然矗立在那里。"[1]就连泰姬陵也无法幸免，正如卡罗尔所写："在19世纪，这些地方是英国年轻人最爱的幽会胜地。他们在正门前方的大理石平台上开办

---

① Caroll, D., *Newsweek*, New York, 1972.

露天舞会，在沙贾汗的莲花穹顶下，在铜管乐队奏响的音乐声中，勋爵与女士们跳着方阵舞曲。宣礼塔成了跳楼自杀的'胜地'，而泰姬陵两侧的清真寺都变成了出租的蜜月小屋。泰姬陵的花园则是最受欢迎的户外调情之地。"[1]

孟加拉邦总督本廷克勋爵（Lord Bentinck）最为臭名昭著的事件无疑是其对泰姬陵潜在价值的垂涎。据说他曾决定把泰姬陵和其他镶有珠宝的莫卧儿王朝建筑一同卖掉，甚至公开宣称计划拆除泰姬陵的大理石立面，并用船运到伦敦卖给英国贵族。当时，沙贾汗在旧德里红堡的几座楼

下图：泰姬陵和阿格拉堡（底部）是艺术家们的天堂。在绘画被视为一项伟大技能的时代，产生了大量关于它们的绘画作品。

这些画作都很重要，因为它们体现了纪念碑的用途发生了怎样的变化。泰姬陵显然是一个娱乐公园，它的花园和水渠使殖民统治者得以躲避酷暑。堡垒虽保留了军事功能，但宫殿的用途却更为日常。

① Caroll, D., *Newsweek*, New York, 1972.

阁已经被拆卸，大理石被运往英国，而泰姬陵的拆除计划却流产了。有传言说，因为第一次拍卖没有成功，所以后来所有的销售都被取消了——不值得花那么多钱拆掉泰姬陵。这个故事这也许是杜撰的，我们无从知晓真假，但它是泰姬陵众多流传甚广的故事之一。在此期间，威廉·丹尼尔和托马斯·丹尼尔（William and Thomas Daniell）兄弟游历了印度，他们的画作可能是18世纪印度历史遗迹，尤其是泰姬陵最好的记录之一。这些画作同时也奠定了如今园林景观的基础，由新帝国带来的秩序哲学取代了已经相当破败的莫卧儿花园形式。

英国人沿用了莫卧儿王朝的传统，尤其是在阿格拉，以达尔巴（darbars，即招待会）和节日的形式庆祝帝国，每个人都能理解其中的象征意义。到19世纪中叶，泰姬陵已经成为殖民者的"娱乐胜地"，沙贾汗构建永生花园的愿景消失了。频繁的抢劫和掠夺，使泰姬陵的神圣性受到永久的伤害，作为阿格拉的灵魂，它默默地见证着阿格拉日益衰落的命运。没有了保护者，它巨大的财富也随之

对页：到达阿格拉的殖民者取代了当地军阀和首领，并举行了盛大的典礼。他们也许照搬了某些印度习俗，但这不过是一种对过去的拙劣模仿。

上图：东印度公司作为一支不受控制的势力，把自己的意志强加给这个国家。它对这一往昔圣地的使用和滥用，永远地改变了我们看待泰姬陵的方式，因为它变成了一个狂欢和庆祝之地。

下图：随着19世纪末印度考古调查局的建立，阿格拉的文化遗产开始复苏。国家对古迹、遗址进行整治，开始执行严格的保护措施。

消失。陵墓主管大太监阿迦·汗的家曾经坐落在泰姬陵的东边，如今已被夷为平地。至于守陵人遭遇了什么，史料只字未提，即便他们在英国人控制阿格拉后还继续在陵园履行自己的职责。

1875年，鲁斯莱（Rousselet，法国著名旅行家）在书中描述了瓜廖尔王公（印度北部亲英政权领导人）在泰姬陵为他的新主子举办晚会的场景。泰姬陵被雇佣兵的无知以及征服者的傲慢所亵渎，充分说明了不断变化的景观标志着从神圣空间向粗鄙场所的彻底转变："15日晚，我在去泰姬陵的路上问自己，把这座印度最宏伟的纪念碑——泰姬陵改造成一个娱乐场所，是否近乎亵渎神灵……在进入通向花园的中央步道之前，我们在第一个院子里下了马车，从辛迪亚（Scindia，瓜廖尔邦的统治者，是英国殖民政府的合作者）分列两行的掷弹兵列队中，走过巨大高耸、悬挂着上千盏灯的拱门。从高高的台阶上望去，花园就像一个宏大的童话世界：喷泉喷出阵阵晶莹的水花，树上挂满了水果和鲜花，空气中弥漫着管弦乐队美妙的音乐，长长的大理石林荫道闪烁着令人目眩神迷的光芒，王公贵族佩戴的钻石闪闪发光，州长、外交官和军官身着满是刺绣的华服，还有印度部长和拉杰普特酋长……突然，大约10点钟的时候，一个巨大的雪白物体出现在中央步道的尽头，仿佛悬浮在空中。那正是之前隐藏在黑暗中，刚刚被电灯照亮的泰姬陵。它的出现如同神迹。灯亮之后，护卫兵陪着将军走入人群中，邀请每个人去宴会厅休息。泰姬陵的配称建筑答辩厅——一个装饰着马赛克的大厅里，融合了欧洲和亚洲风味的饕餮盛宴正等待享用。"①

他描述着那天晚上的经过，欧洲人在那吃着美食喝着香槟的时候，印度人只能站在一旁观看。辛迪亚为这一晚活动支付的费用显然不会少于2万卢比。鲁斯莱这样描述最终的乐章："用完晚餐之后，一场烟花秀在亚穆纳河畔上演。河水不断冲刷着泰姬陵的基座，呈现出一道优雅的曲线。各式各样的烟花冲天而起，但都平淡无奇，在水面

① Rousselet, L., *India and its Native Princes, Travels in Central India and the Presidencies of Bombay and Bengal*, first published London, 1875, reprint Asian Educational Services, Delhi, 2006, p. 274.

上反射出点点星光，转瞬即逝。当一片火光从亚穆纳河顺流而下，照亮整条河流时，周围几乎什么都看不到，一切都笼罩在黑暗之中。这种效果其实是由无数盏从汤德拉桥（Toundlah）上投放的河灯产生的，整个河面都覆盖着摇曳的灯火。到了午夜，我们在英国管弦乐手带来的精彩舞会上狂欢，然后纷纷离开。"[1]

如今，神圣的墓地被亵渎，那些虔诚之心和《古兰经》的诵读之音被令人眼花缭乱的管弦乐队所取代。矛盾的是，与此同时，人们也在努力修复泰姬陵。早在1810年，年轻的泰勒（Taylor）上尉被任命修复泰姬陵，当时距奥朗则布离开阿格拉修建自己的城堡只有100年。他花了四年时间，修复了泰姬陵的外立面——镶嵌珠宝被盗撬最严重的地方。1822年，外立面又遭受到了更严重的毁坏，泰勒发现后并没有用珠宝去镶嵌修复，而是用彩色的灰泥取而代之。

在1857年印度民族大起义之后，人们又开始重新努力修复泰姬陵。随着时间的推移，人们做了一些很有意义

① *India and its Native Princes, Travels in Central India and the Presidencies of Bombay and Bengal*, Delhi, 2006, p. 275.

左图、左下、下图：当侵略者和掠夺者把镶嵌在陵墓上的宝石撬出来时，陵墓遭到了洗劫和亵渎。20世纪初，考古学家和工程师开始了艰难的工作，他们要把这座被损坏的纪念碑修复如初。这并不是一件容易的事，即便是现在，光是搭脚手架的费用几乎已经超过了文物保护经费。

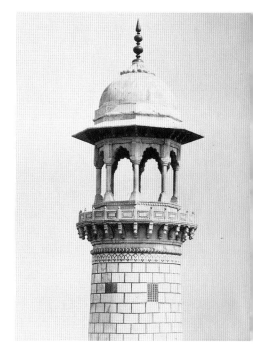

前页：最尊贵的印度总督、寇松勋爵负责泰姬陵的文保工作。大到募捐筹款，小到在陵墓里安装一盏埃及式样的灯泡，都是他的职责范围。在这段历史上，他功不可没。

的工作，包括为沙贾汗的陵墓更换那些在起义时期受到损坏的镶嵌物。确切地说，泰勒还斥资修复了泰姬陵的花园。正如普林塞普在1867年参观泰姬陵时写道："这座花园被管理得相当好。这里有两个玫瑰园和两片草坪，颇具英式风格，长势良好。"[1]他进一步阐述道："也许它们在这里并不合适，但这些绿色植物在当地人看来，也是赏心悦目的；对英国人而言，它们能勾起许多关于祖国的美好回忆。"[2]

然而，当英国总督寇松勋爵在世纪之交造访此地时，泰姬陵的命运注定逆转。当他第一眼看泰姬陵时，便由衷地感叹："它设计得就像是一座宫殿，完工后犹如宝石一般，散发出洁白的圣光，置身于布满柏树的大地上，背后是绿松石蓝的天空，如此纯净，如此完美，这是一种无以言表的惬意。这种感觉就像是你在凝视一位绝世美女，她看起来是那么美好，但又让人心里隐隐作痛，这无疑是最高境界的美。"[3]

① Princep, Val. C., op. cit., p. 61.

② 出处同上，第61页。

③ Herbert, E.W., op. cit., p. 198.

寇松勋爵终止了庆祝活动，因为它们破坏了泰姬陵。他深刻地意识到，在泰姬陵的花园聚会狂欢或仅仅为了打发时间而撬取宝石，都是对泰姬陵花园的滥用。"这并不罕见，"寇松指出，"饮酒狂欢者拿起锤子和凿子，把皇帝和他令人悼念的皇后衣冠冢上的玛瑙和红玉髓凿成碎片，以此来消磨下午的时光。"[1] 英国人经常把这里当作他们的私人花园，以达到他们邪恶的目的。这里常常挤满了酩酊大醉的士兵。在19世纪早期还是草木繁茂的花园，（现在）已经发生了很大的变化。范妮·帕克斯（Fanny Parks）曾在书中描写过花园往昔的美景，那些散发着"异域花香"的上等古树，以及用果实制成的珍贵农产品。[2] 1908年，寇松勋爵下令完成了一项大规模的修复项目。他所做的一切在泰姬陵的历史上可谓意义非凡，尽管他最重要的任务是复兴印度考古调查局，但他仍然亲自监督泰姬陵的修复工作。同时，他还不得不抗争非议——有观点认为"基督教政府在保护非基督徒的纪念碑或者是旧时信仰圣殿的文物方面没有起到任何作用"[3]。印度文化遗产未来的命运因他而改变："什么是美的，什么是历史的，是什么撕掉了蒙在历史脸上的面具，请帮助我们解读这些谜题，请再仔细看看——这些并不是相互冲突的神学教条，而是我们必须重视的重要准则。"[4]

纪念碑的修复还有很多工作要做。记录清楚地显示，水渠坍塌后，人们对这一印度最具标志性的遗址进行了一次大规模修复。最初的水渠系统是用赤陶土管道制作的，于1902年更换为铁铸管道，并与主水库相连，以恢复花园的供水系统。1909年，水渠被嵌入混泥土中，然后减少并替换了旧植被，栽上叶片更加紧密的棕榈植物。稀疏的树木营造出远望主陵、清真寺和永生花园的视觉体验。

值得注意的是，周边建筑、清真寺和答辩厅的修复工作量最大。南门、慕塔芝·玛哈闺中密友之墓（Saheli Burj）、正门和前庭回廊，都经过了精心而复杂的修复甚至重建。被劫走的银门也换成了柚木门。寇松曾高调地从开罗订购

左图、左下：波斯花园在寇松勋爵修复的过程中发生了翻天覆地的变化。在20世纪初期，这个曾经果实满园、芳草遍地的花园，已是杂草丛生，于是，寇松勋爵下令清理此地，以便在观赏纪念碑时有更好的视角。他打造的英式草坪完全改变了泰姬陵传说中的样子，而现在却是泰姬陵所公认的景观。这种椭圆形的花坛使人想起那个时候英国的乡村花园。草坪作为第一个美好的元素很快引入印度各地的纪念性建筑，重新定义了我们观赏本土自然景观的方式。

① Curzon in Grewal, R., *In the Shadow of the Taj*, Penguin, Delhi, 2007, p. 241.

② Fanny Parks in Herbert, E.W., op. cit., p. 203.

③ Dilks, D., *Curzon in India*, Vol. 1, Rupert Hart Davis, London, 1969, p. 245 notating Raleigh, p. 20.

④ 出处同上，第20页。

上图、顶图、对页：泰姬陵一直是印度文化遗产中极其珍贵的象征。在第二次世界大战期间，人们费心在穹顶上搭建了一个脚手架，试图把它伪装起来以躲过可能的炸弹袭击。英国士兵谨慎地监督着脚手架的建设。这座神圣的陵墓现在只是一座纪念碑。

了一盏镶嵌着黄金和白银的铜灯，因为他觉得这其中有一定的文化联系，这盏灯被他作为献礼安装在衣冠冢上。

在这个单一的修复项目中，我们可以看到不同文化背景的相互影响。沙贾汗寻求的是形式和秩序，他想赋予陵墓更崇高的信仰；而寇松勋爵看到的泰姬陵，正如鲁斯莱描述的那样，正中心的这一条步道不过是一条通道。对寇松勋爵而言，把过于繁茂的植被移出泰姬陵是为了保持泰姬陵原始的美丽，因此，他引入了欧洲人理想中对"风景如画"的理解……慕塔芝·玛哈陵是沙贾汗皇帝理想中的一个永生花园，这就意味着这座纪念碑的价值无法逆转。最近的学术辩论正在讨论是否要重建原来的花园，但这个波斯花园的创作意图始终是个未解之谜。

英国人对于形式和秩序的观点同莫卧儿王朝时期的观点一样具有影响力。"到了1905年，印度已经产生了12万英镑的支出，将近一半的钱花在了阿格拉和法塔赫布尔西格里这两座城市。如今在泰姬陵前面不再是一个脏乱的集市和尘土飞扬的庭院，而是一个公园。清真寺、陵墓、拱廊已经恢复到沙贾汗的泥瓦匠离开时的状态。人们发现了古老的平面图，上面标明了曾经流动的水渠和鲜花盛开的地方，这使得花园的布局和以前一样。"[1]

据大卫·卡罗尔说，"为了做到这一点，许多当地工匠接受了切割大理石和修复马赛克的培训，他们被指派去更换被纪念品猎人挖走的石头。他们修补了宣礼塔上在19世纪早期因地震造成的裂缝，并擦亮了发黑的大理石墙壁。石渠被挖掘出来得以重见天日，花坛里和林荫大道两侧重新种上了植被，亚穆纳河水也再次流经喷泉"[2]。

最后，用寇松的话来说，"……无须再通过乌烟瘴气、垃圾满地和肮脏污秽的集市走近泰姬陵。一个美丽的公园取代了它们的位置。清真寺、陵墓群、拱廊街道以及主要建筑前面长满了青草的庭院，都尽可能地重现了沙贾汗的泥瓦匠们完工时的模样。泰姬陵花园围墙内的每一栋建筑都经过了精心的修复，旧平面图的发现使我们能够更精确地把花园里的水渠和花坛恢复到原来的状态"[3]。寇松对自己的作品很满意："泰姬陵的中央穹顶缓缓升起，就

① Dilks, D., op. cit., p. 246.

② Newsweek, New York, 1972.

③ 出处同上。

下图、对页：用寇松的话来说，"……无须再通过乌烟瘴气、垃圾满地和肮脏污秽的集市走近泰姬陵。一个美丽的公园取代了它们的位置。清真寺、陵墓群、拱廊街道以及主要建筑前面长满了青草的庭院，都尽可能地重现了沙贾汗的泥瓦匠们完工时的模样。泰姬陵花园围墙内的每一栋建筑都经过了精心的修复，旧平面图的发现使我们能够更精确地把花园里的水渠和花坛恢复到原来的状态"。

不仅是泰姬陵，许多其他纪念碑也开始发生不可逆转的变化。它们在受到保护的同时，也在城市叙事中丧失自己的意义。曾经，每个建筑在市民眼中都有一种特殊意义和感觉，但现在它们只是伟大的建筑物。尽管如此，印度考古调查局还是制定了修复方案并参照执行，因为无论是泰姬陵，还是阿格拉，或是许多其他建筑遗址，都无法承受岁月的侵蚀。

像正向空中呼气。"他在泰姬陵的平台上发表演讲时说："在我的另一侧，城堡的红色壁垒巍峨矗立，仿佛可以遮天蔽日……哪怕我在印度一事无成，我也在这里留下了我的名字，这是一种真切的欢喜。"[1]

遵从寇松的指示，印度考古调查局被派往泰姬陵进行大规模的维修和保养。重建的典范不再由技艺精湛的工匠大师建立，而是有赖于考古学家和工程师。当这些建筑被完全修复时，关于花园的想象却永远消失了。风景如画的英式花园取代了充满异国情调，但可能被过分渲染的莫卧儿花园和草坪。作为纪念碑历史的一部分，它的秘密、它的香味和整个寓言，都转化成了纪念碑平淡无奇的框架。J.H. 马歇尔（J.H.Marshall）于 1923 年编写的《保护手册》（*Conservation Manual*）为印度制定了严格的监管保护原则。《保护手册》认为，"在修缮印度花园时，关键在于恢复原始花园的核心本质，没有必要试图以迂腐的标准完全

① Curzon in Preston, D., and M., op. cit., p. 294.

复制花园所有细节的原貌"[①]。从印度南部的维查耶纳伽尔（Vijaynagaram）[②]到阿格拉的波斯花园，一切都结束了，英式草坪现在成为历史景观的标志。

持续变化中的泰姬陵和阿格拉

今天，泰姬陵在阿格拉这样一个不堪重负、日渐衰败的城市中，是一块绿洲。纪念碑周围的巨大绿化空间给阿格拉市民提供了逃避城市压力的庇护所，他们不断渴望逃离城市的喧嚣和混乱。但泰姬陵的命运在不断变化的角色中仍然悬而未决。要修复城市与其遗产之间的关系，还需要解决一系列的问题。公民与文化遗产之间的相互依赖关系在很大程度上涉及经济问题。如果不考虑到这些，就会陷入困境。因此，这座核心在于泰姬陵的城市，它的未来需要宽广的视野和巨大的决心。

印度各地的城市都面临着巨大的挑战，它们的发展与保存记忆和保护历史之间存在冲突。位于高墙之后的泰姬陵则相对安然，印度考古调查局正以坚定而集中的手段，努力恢复和保护这一遗产，但这也使泰姬陵直面被从城市环境中孤立的危险。

泰姬陵之外，在超出它的保护范围的地方，是一座迷失方向、无法想象未来的城市。德里在印度独立后保留了首都的地位，而阿格拉——这个不起眼的中型小镇，还在命运的变数中苦苦挣扎，不断适应着周遭出现的当代现实图景。传统工业让位于小型作坊；曾经制作刀剑的手艺人建起了临时铸造厂；砖窑迎合了正在兴起的中产阶级建造家园的需求；制革厂为制鞋厂提供服务，这些鞋厂取代了为阿克巴军队制鞋的鞋匠。阿格拉确实体现了印度从皇室分封制向健全民主制度的转型。它是当代印度最典型的小镇，在历史资源和文化遗产丰富的印度，如果没有泰姬陵，它将永远被人遗忘。

1947 年，印巴分治。由于穆斯林人口逃往巴基斯坦，社区开始出现分裂，阿格拉城遭到重创。1984 年，迫于发展的压力，在阿格拉城以北约 60 千米的马图拉城，石油加

---

① J.H. Marshall in Herbert, E.W., op. cit., p. 203.

② Vijaynagaram，意即胜利之城。印度南部的历史古城，桑伽马王朝曾建都于此，现已几乎成为废墟。——编者注

下图、底图：阿格拉的景观也发生了不可逆转的改变。自从印度迁都德里后，曾被誉为"世界交通枢纽"的阿格拉，如今却成了一潭死水。阿格拉曾经是一个集聚艺术和工艺、诗歌和音乐、军事战争和贸易为一体的城市，但后来却变成了一个小城镇的工业中心，在印度版图上再也没有恢复过它曾经的显赫地位。

工厂应运而生，人们的生活再次陷入不可逆转的困境之中。后来，人们意识到工厂排放的二氧化硫将导致泰姬陵褪色，并造成永久性的损坏。于是，人们提起了公益诉讼。1996年12月30日，印度最高法院法官库尔迪普·辛格（Kuldeep Singh）在一项具有里程碑意义的判决中，明确描述了泰姬陵面临的环境威胁："泰姬陵面临着恶化和被破坏的威胁。除了以前那些我们已经知道的传统原因，不断变化的社会和经济情况也要为之负责。这些情况加剧了局势的恶化，造成更加难以应对的损害甚至毁灭。"①

在1994年的一项重要判决中，最高法院下令对炼油厂实施严格的污染排放控制。以前不为人知的零排放政策被强制执行，并加以永久性监测。该判决进一步审查了可能会影响到纪念碑的城市污染，勒令450座小型工厂撤出阿格拉城。高速路将改道，皮革厂、砖窑将被关闭，实际上，阿格拉"世界交通枢纽"的地位也受到了影响。为了适应不断变化的经济秩序，传统技艺不得不迁离到泰姬陵50千米以外的地方。当然，政府还提供了电力能源、污水处理和清洁设施等补救措施，以减少城市污染物的影响，但对于世代居住在这里的居民来说，情况几乎没有缓解。这一指令非同寻常——如今，在泰姬陵周边方圆50千米内的核心保护区（俗称梯形区）和方圆500米的绿带内，不允许建任何工业厂房。大片大片的土地将被森林覆盖，作为额外的保护措施。

阿格拉城的命运已成定局：尽管泰姬陵得到了保护，然而它的经济支柱已然崩溃。超过150万人受到直接影响，大约300万人受到间接影响。随着工业停工，工厂查封，窑厂、皮革厂也迎来了最后的倒闭。阿格拉城进入全面衰退的状态。随着时间的推移，这座城市一如既往地复苏了。在法院监督委员会的监视下，高速公路不再贯穿市中心，一条巨大的排污沟沿着亚穆纳河的边缘排入河床上方约15英尺的地方，以解决废水污染河流的问题。斯特兰德路如今是连接泰姬陵与亚穆纳河高速公路之间的主要通道，旨在让游客方便前往泰姬陵。从高架上看出去，是一些废弃工厂的衰败景象，以及破旧建筑物的残迹——这

① 法案全文详见 M.C. Mehta vs the State，链接：https://indiankanoon.org/doc/1964392/

些都雄辩地提醒着人们阿格拉城优雅的过去。

从另一个角度而言，保护泰姬陵的举措终将为市民提供一个更健康的环境。最近，对安全的担忧已经吞噬了整个世界，这也影响了泰姬陵。有人提议，最好把泰姬陵周围的居民区清理干净，以便更好地实施安保措施，市民再次被笼罩在生活混乱和遗失家园的恐惧中。更有甚者，提出要将整个泰姬甘吉市场都清理出去。幸运的是，理智占据了上风，泰姬甘吉最终保留了下来，这是过去与现在抗争的痕迹。

泰姬陵的美丽和声誉丝毫未减——它是印度的第一大世界遗产地，也是印度保存最好的纪念碑。然而，随着游客数量的增长，泰姬陵的秘密空间逐渐成为禁区：人们再也不能爬上宣礼塔，陵墓的上层对公众关闭，衣冠冢和大理石屏风则用铝网隔开。这些都破坏了曾经神圣的旅程。如今，在导游的口中，泰姬陵的多元叙事往往颇具喜感。这些导游热爱泰姬陵，但却削弱了它的存在感。

上图：自从阿格拉不再是莫卧儿帝国的中心以来，它面临着许多不幸。即使资助和贸易改变了这座城市的命运，入侵和掠夺对它的毁灭更大。1922年，毁灭性的洪水淹没了河边的众多遗址。毫无疑问，这座城市当时也被洪水淹没，留下人们继续生活在风雨飘摇中。

次页：泰姬陵周围的植被，无论以何种标准衡量都是独一无二的，这为保护泰姬陵的环境提供了一个生态良好的缓冲。
1994年，印度最高法院作出了历史性的判决，下令建立一个方圆500米的绿色缓冲区，这无疑是保护泰姬陵最有价值的工具。尽管它可能没有很好地服务于阿格拉的市民，但却为泰姬陵的未来提供了一个无可争议的保护机制。

结 语

泰姬陵的未来

　　作为世界上著名的陵墓，泰姬陵一直让世人为之痴迷。然而，这座纪念碑并不像自由女神像、埃菲尔铁塔或圣保罗大教堂那样，占据着城市天际线的明显位置。相反，从远处往往看不到它，直到进入遗址的那一刻，才会戏剧般地突然感受到它的存在。正是通过大门、步入花园、走近泰姬陵的这一过程，使它变得特别——这是一种沉浸其间而非远远观望的体验。通过这种设计，泰姬陵仿佛一个有待探寻的秘境，与阿格拉市民的日常生活和想象隔绝开来。

　　尽管泰姬陵在阿格拉的天际线上并不显眼，但它仍然是整个国家的象征。作为全印度最常用的形象，它代表着美丽、优雅和卓越，被所有人挪用与消费。它跨越障碍，突破社群和单一的视角，充分体现了印度丰富的文化多样性。它是印度最重要的视觉符号，其意义毋庸置疑。这样一个全世界知名的建筑，印度最著名和最具认知度的标志，被人以无数象征和隐喻的方式加以利用。也许没有哪座建筑像泰姬陵一样，迷失在广告宣传之中。唐纳德·特朗普（Donald Trump）把他在拉斯维加斯的赌场命名为泰姬陵，一位蓝调歌手和世界各地无数的印度餐馆也用过这个名字。它的形象出现在冷冻食品包装袋上，出现在理发店和裁缝店，并被制成各式各样的装饰品。作为品质和宏伟的象征，它成为各行各业的代言形象。不管是茶叶，还是印度最早的连锁酒店，或是宝莱坞的电影，都以泰姬陵作为营销符号。这样具象的比附手法，使这栋建筑的形象变得陈旧固化，象征着奢华、品质、浪漫和辉煌。然而，对一些历史学家来说，它也是剥削的象征，是劳动人民遭受残酷和非人待遇的象征。正是这些造就了这座大理石杰作。它一直陷于这种两难的境地，给它的保护造成挑战，也使它成为一个复杂棘手的纪念碑，更重要的，是一个需要认真对待、采取措施的历史遗址。

　　事实上，我们现在说的泰姬陵保护问题，需要从内外两个方面来探讨。从内部看，人们一直致力于研究它的物理材质，保护大理石上的纹理、装饰和镶嵌，以及构成整体

对页：在人们关于阿格拉的想象中，泰姬陵仍是当仁不让的核心。拥挤的游客入口使曾经神圣的体验不复存在。泰姬陵人满为患，成为泰姬陵管理当局，以及全球文化遗产保护者担忧的主要问题。

下图：人们有意使它免受动荡的政治局势、社会环境和经济局势的影响。它面临的威胁来自方方面面，包括恐怖主义和环境污染，以及整个地区的经济衰退。除了泰姬陵，印度的各个街区都有文化遗产分布其间，周边的生活区则保留了原来的形态。在新的世界秩序中，它们的处境岌岌可危，前途未卜。

体验的相邻建筑和花园。从外部看，人们有意使它免受动荡的政治局势、社会环境和经济局势的影响。它面临的威胁来自方方面面，包括恐怖主义和环境污染，以及整个地区的经济衰退。泰姬陵所处的环境将如何变化，人们将如何应对这些变化，对于确保泰姬陵在未来的存续至关重要。简而言之，泰姬陵的未来取决于阿格拉的未来。

现在，泰姬陵的安保措施不断升级，持枪警卫在陵园内巡逻，印度中央工业安全部队（the Central Industrial Security Force, CISF）在入口处升起旗帜，标志着对此地的安保负责。他们驻扎在泰姬陵入口处的回廊中，随处可见的士兵和安保设备，使前院看起来像一个兵营，而不再是通往印度最精致陵墓的神圣入口。当然，争议也很多——公众可以借着月光，从 500 米以外的正门看到泰姬陵；大约三四十年前，前院铺上了混凝土，使通往正门的台阶变得平整，从而为来访的贵宾提供通道；花园里的红砂岩水渠被漆成了蓝色，给人营造出一种有水的假象。自从寇松勋爵介入之后，这个花园就再无与永生花园相似的地方。人们根据建立绿色缓冲区的法令，在泰姬陵的外墙上种植了

城市的功能尽可能地覆盖边缘
地区的大量农村人口。在印度
各地，发展正在以惊人的速度
改变城市。但由于诸多原因，
阿格拉城尚未改变。

上图：河水也退去了。如今，河里流淌的不再是清澈的喜马拉雅雪水，浑浊不清的河水从与陵墓有一定距离的地方流过，几乎无法通航。与洁净河水一同消失的，还有皇帝进入泰姬陵的入口，它的基底现在被埋在地面淤泥之下好几英尺的地方。然而，亚穆纳河仍然主宰着这片土地。

次页：成千上万的小型泰姬陵是游客们的最爱。其中，用大理石制作的很少，更多的会用到滑石，但是每一个细节都是精心打磨的。对于每年涌入泰姬陵的数百万印度人来说，这些都是当代的纪念品。

树木，结果树根直接威胁到了泰姬陵的地基；一个名为"印度文明进行曲"的艺术品被陈列在主建筑的回廊里，旨在引发游客们对整个印度的想象，却使他们从泰姬陵的丰富叙事中抽离出来，无心进一步领略当下的切身体验。最重要的是，这个遗产的管理者很少与阿格拉城的市民就如何更好地保护这个遗址进行对话，不去探讨他们的利害关系是什么，以及他们如何合作保护和展示这个遗址。泰姬陵是它所象征的一切，但是它的许多细节却很少被探索。蜂拥而至的游客对泰姬陵来说是一个新的威胁，并非污染，而是单纯的损耗——这一切让我们感叹，前方的挑战令人生畏。

阿格拉城的转变

最深远的改变也是最大的威胁，阿格拉城及其未来与泰姬陵有着不可分割的联系。最重要的是要解决城市的问题，这对纪念碑有着直接且不可逆转的影响。阿格拉市有 170 多万人口，每年接待 600 多万名游客。由于长期受到电力短缺的困扰，非正规的经济体只能依靠个体柴油发电机，这使阿格拉城的污染水平再次急剧上升。尽管法院下令要求确保这座城市最基本的民生设施，但它仍然面临着基础设施严重短缺的问题。居民们每天只有几小时的供水时间，而亚穆纳河如今只不过是一条浑浊的小河，充斥着德里和其他上游城镇不断排放的、大量未经处理的废弃物。一年的大部分时间里，这条河都是一潭死水，大部分水资源都用于供给首都。最高法院曾下令清除阿格拉城的所有污染物，但是却未能解决上游问题给这座城市带来的影响——事实上，这水早已不是吸引莫卧儿王朝在此定居、令沙贾汗畅想人间天堂的纯净雪水了。

目前，设立泰姬陵缓冲区的想法，充其量只是保护遗址周边完整性的权宜之计。然而，从长远来看，它们在本质上造成了割裂而非连接——尤其是破坏了泰姬陵及阿格拉其他几处重要遗址所在社区与这些遗址的关系，这些社区构成了一个更加广泛的生态圈。归根结底，当代印度文化遗产保护面临的主要挑战是如何拥抱而非隔绝遗址周边社区，他们才是遗址的真正继承者。不幸的是，当代印度的遗产保护机构受制于陈旧的决策体制和严重的人力短缺等因素，合作与外包只会进一步加剧人手不足和研究不够

的问题。现行政策暴露出一个难题——不招收，甚至不投资人力，导致无法培养适用的技能。在这样的大环境下，印度考古调查局是政府履行保护国家遗产这一宪法责任的直接机构。普通企业无法与政府建立起合作关系，因为这需要不屈不挠的韧性以及对保护印度文化遗产持之以恒的决心。与城市绿化工程项目不同，一个遗址承载着历史和文化的记忆，遗址的保护是一个复杂的、不可预测的长期过程，需要谨慎、策略和共识。因此，参与这一过程需要坚定的投入，这与绿化工程项目所涉及的方法和构架截然不同。今天，保护泰姬陵需要公私机构的巨大努力，不仅仅是服务于政府或任何个人实体，而是为每一个印度人服务。

重新想象泰姬陵及其含义

"阿格拉不朽遗产的未来只有在一个首先为市民提供福利，并令他们充满自豪感的公民秩序中才能得到保障。"尽管已经过去了 21 年，印美联合行动蓝丝带小组在 1995 年提出的愿景声明至今仍然有效。同样重要的是，这一声明从对阿格拉公民的深切关注出发，将这座纪念碑的命运与这座城市的命运不可分割地联系在一起。他们的未来在目前的情况下，同样脆弱不堪、不可持续。虽然身处世界文化遗产周边是一个明显的优势，但遗址并未以任何方式提升他们的文化、社会和经济状况。

阿格拉的旅游业呈指数级增长，不仅国际游客，本国游客也大幅增加。经济和通信的发展使所有印度人在境内旅行变得相对容易。因此，前往阿格拉，尤其是泰姬陵的国内游客数量已经超过了这些古迹的承载能力。如今，每年有 600 万游客参观泰姬陵，大约 30% 的游客是外国人，另外 70% 的游客是印度人。在印度考古调查局每年为阿格拉提供的 25.3 亿卢比经费中，约一半来自泰姬陵的门票收入。印度阿格拉发展署（the Agra Development Authority, ADA）从泰姬陵赚了 25 亿卢比，却没有任何反哺支持它的投入，只有印度考古调查局每年独立花费 3 亿卢比来维护泰姬陵。因此，就算是针对周边区域的经济资助，也没有对泰姬陵有所倾斜，更不要提它在阿格拉更大的经济体系中所处的地位了。这种对遗址保护资金配置的不平衡，以及城市管理当局与文化遗产保护机构之间的不平等，象征着不同的利益方在对泰姬陵的保护上存在着更大的冲突。

然而，有趣的是，在更广泛的泰姬陵地区——从相邻的泰姬甘吉地区到附近的其他定居点内，这一冲突以更矛盾的方式表现出来。根据城市和地区卓越中心（the Centre for Urban and Regional Excellence, CURE）的一份报告，阿格拉有 432 个贫民窟社区，人口超过 85 万[1]。其中，168 个贫民窟位于历史遗迹附近，近 40% 的定居点没有供水或卫生设施。因此，大多数家庭只得抽取地下水，这既降低了天然地下水位，消耗了天然含水层，还经常污染地下水。令人意想不到的是，在这些定居点附近经常有一些重

对页：这座城市遍布历史建筑，每一处都曾在城市生活中发挥过作用，有些现在依然如此。比如拱门还像过去一样，是明显的地标。同一区域内的生活方式，也常常因为习俗和传统而延续了下来。

顶图：从一个更加优雅的时代遗留下来的建筑，似记忆的碎片。曾经这样的建筑结构在城市生活中扮演着重要的角色。

第 222—223 页：随着铸造厂和工厂依法关闭，阿格拉的河岸似乎被时间冻结了。高速公路和快速公路切断了这座城市的肌理，将游客推入泰姬陵，逃离这座城市。

上图：在位于胡马雍陵和月光花园之间的农业定居点——卡奇普拉，人们把一座历史建筑用作学校，并冠以同样的名称——维迪亚勒·卡奇普拉小学。

① Khosla, Renu, 'Agra's Street Culture' in SEMINAR 657, May 2014, p. 50.

上图，对页中图、下图：阿格拉不仅是一个充满活力的城市，同时也和迷人的乡村无缝衔接。泰姬陵的保护措施给这座城市的发展带来了隐患，就像400年前首都迁往德里时一样。城市生活节奏相对平缓，方圆50千米内不允许有任何工业活动。由于发展模式缺少了可替代的增长机遇，就业机会就变得很少。

对页顶图：阿格拉城河边的花园只是过去的一个片段。只有4个受印度考古调查局保护的花园依然完好。其他几个花园已经成为成功的苗圃，用于培植供应印度各地的植物。其中的亭台楼阁、水渠、塔楼和水井都处于严重的衰败状态，需要付出巨大的努力来修复。

要的历史遗迹，因为没有通路而鲜为人知。尽管这些零散的遗址就散落在社区之间，但公众对它们毫不关心，它们也没有以任何方式造福社区。

放眼整座城市，我们会发现这些矛盾变得更加尖锐。虽然对每一个印度人，或者对于每一位来自世界各地的旅客而言，泰姬陵都是一个切实可达的旅游目的地，但拥有这座宏伟纪念碑的城市却已不堪重负。它已经无法养活自己的常住居民，更别说是游客了。停滞不前的亚穆纳河透露出深重的危机。由于全年大部分时间都没有充足的水流，河床受到严重的污染，已然成为非法生产的场所。这条河已经不仅仅是一条河，还被当作一个不受管制的临时场所，许多制造业和服务业在这里擅自开展经营。从衣物清洗到纺织品染色，从小汽车修理到工业制造，每一项活动都不同程度地污染着这条深陷困境的河流，并使其进一步退化——尤其是无人地带或间隔空地，很容易被私自占用。

交通拥堵在这里非常常见，导致游客甚至当地居民也无法在城里顺利通行，少数的景点也被迫和这座城市的其他地方隔离开来。这里几乎没有公共交通，公共汽车严重不足，因此大部分人依靠机动三轮车和其他交通工具出行，而这一切都会导致空气污染。国家的回应是不平衡的，虽然给部分工业生产部门提供了替代燃料，但私人经济实体依然不堪一击，前途未卜。国家为拯救泰姬陵采取了一些措施，比如设立梯形保护区，并关闭了该区域内的所有工厂，但实际上，城市生活和经济压力正在反抗这些措施，尽管规模很小，但更难控制。事实上，城市经济的衰退只会加剧城市环境的恶化，最终会蔓延到我们的历史文化遗产。

因此，我们需要从更广泛、更包容的角度来看待我们的文化遗产。文化不是静态的，更不是可量化的。它既是传统的，也是现代的，最重要的是，它是社会发展到特定阶段的一套隐含的规则。对这一观点的认可和尊重是讨论泰姬陵未来的必要基础。至关重要的是，去理解社会在转型时期的复杂性，去理解传统文化和现代化诉求之间的矛盾。我们有能力去解决变革的迫切需要，在确保文化遗产安全的同时，加以建设，这将是一切成功干预的基础。对变化的管理实际上也是在动态过程中的机遇，这个过程将过去的线索和未来的展望联系起来。我们只有通过这种更

为复杂的合作，才能制定出一套合理的战略，来保护泰姬陵的未来。

那么，是什么构成了像阿格拉这样或者任何一个印度现代城市的文化解读呢？在这样的动态语境中，如果建筑或城市形态的构建和保护，必须通过特定的文化解读才能被人了解的话，那么在更加广泛的规划争论中，它们必须是相互关联的。事实上，对"文化解读"的理解是不断发展的，这将挑战并明确保护机构和倡导者的角色，他们也愿意参与讨论发展和变化的问题（与之相对的，是反对改变的保护主义者）。也就是说，保护机制需要同时兼顾历史和当代的平衡。在这种情况下，历史景观象征意义的缺失，有可能会加深文化遗产与当代现实和经验之间的联系。这种方法将允许通过干预改变历史建筑和城市类型，从而为当代生活、现实世界和新兴需求服务。在这里，城市的历史景观将融入当代城市，并被了解、重塑，最重要的是，根据它本身的逻辑存留下来。至于阿格拉，这个观点不仅为印度阿格拉发展署和印度考古调查局等不同机构的运作和协作创造了一个共同的平台，而且对解决阿格拉的当代城市问题至关重要。在这里，历史景观保护已经在过去数十年中享有特权，而当代城市问题也应该得到同等的重视。正是在这种情况下，公共卫生和供水问题才可能和文物保护、游客管理联系起来——不是把一个问题凌驾于另一个问题之上，而是承认它们之间相互的内在关联。

众多相互冲突的愿景环绕着当代阿格拉，人们如何决定哪个问题应该优先考虑？人们脑海中浮现的景象五花八门，比如现今臭名昭著的泰姬陵遗产走廊（Taj Heritage Corridor）。这个项目提议改造河床，打造购物中心，"泰姬陵"这一品牌被国家用于商业和房地产收益。这个异想天开的计划把泰姬陵仅仅视为一个提升短期收益的战略性品牌，即便这意味着损害遗址的完整性。此举不仅违背了遗址的内在特质，也违反了印度关于守护这一世界文化遗产的承诺。

另一方面是国内游客的感观、体验和关注。对他们来说，这是一次朝圣之旅，通常要经过马图拉或阿杰梅尔圣殿（Ajmer Sharif），才会抵达这里。他们在陵墓前敬献钱币，或触摸陵墓，然后再触摸心口或额头——这是一种跨越所有宗教的崇敬姿态。他们不认为这是一处遗址或一座城市，而是一个圣地，一个充满崇敬的地方。在180万国内游客中，90%的人都有这样的想法。人们同样应该认识到，直到今天，泰姬陵清真寺仍被当地社区用于周五的祷告。即使在今天，泰姬陵在星期五也不对游客开放，而清真寺仍然是阿格拉市民生活的中心。对于其他国内游客及30多万国际游客而言，泰姬陵的重要性在于其历史意义和美学体验。这种体验可能是一次爱情的朝圣之旅，数以百万计的夫妻、情侣和朋友以泰姬陵为背景合照，以纪念他们的感情；也可能是那些数不清的"自拍"，自恋的年青一代热衷于在社交媒体上显摆自己曾经造访泰姬陵。

那么，在这种变化的环境中，我们如何构建一个当代的、相关的叙事来定义阿格拉的遗产？如果我们把"意义"看作是静态的，并遵循常规的策略，我们不仅会进一步削弱这座纪念碑在全球范围内的潜在影响，还会抹杀它在阿格拉的直接影响力。然而，如果我们在不那么敏感的意义结构中讨论这个问题，那就意味着打开了潘多拉的盒子。因此，在质疑新意义建构的过程中，制度和个人的作用变得更加关键。我们必须寻求一种微妙的平衡，在摈弃遗产意识形态象征意义的同时，试图保持建筑和城市肌理的完整性。因此，这不是仅仅根据历史价值来制定保护策略的问题，而是要另辟蹊径，根据全新的当代视角和现实需求，来拟定现在的保护议题。这些议题包括新的设施和展示中心等，也包括有助于解决当代经济问题、提升居民

福利的策略。这些居民创造并支撑着遗产所在地的生态体系，不能将他们与遗产保护问题割裂开来，对他们的现状视而不见。

泰姬陵的缓冲保护区就是一个典型的例子。缓冲区的限制越严格，城市就越远离纪念碑，到了那时，纪念碑就越脱离出来，成为某种抽象的实体或权威。从本质上讲，设立这些区域的作用就是使城市的部分地区脱离城市环境，以保证国家或国际利益。自然而然地，在城市居民的认知中，这并不是为了他们的利益或福祉。随着城市的衰落，泰姬陵对当地居民的价值亦会下降，这进一步加剧了这座纪念碑与其大环境之间原本就很脆弱的关系。因此，通过这些以保护对象为中心的孤立主义政策，辅以有效的物理保护水平和能力（这一点相当重要），将广泛改善纪念碑的状态，但与此同时，纪念碑所在的社区生态将受到损害。

这种策略不能保护建筑所处的环境。因此，阿格拉的宏观经济、文化景观的稳固性以及更广泛的城市系统功能成为一个关键问题，因为利益相关方的健康发展和纪念碑的保存同样重要。印度阿格拉发展署和印度考古调查局等相关机构，必须利用和私营企业的合作关系，以更实质性的方式与城市及其利益相关者接洽。现状虽然容易维护，但面对管理纪念碑和城市的多重压力，现行措施仍捉襟见肘。遗产管理者所有的知识和科学资源都需要被调动起来，以便进行强有力的对话，实现更广泛的参与。在当前的制度框架下，这些做法如何奏效？更重要的是，如何扩大问题的框架，使这些问题能够通过新型的公私合作关系——一种超越当前机构框架的工作方式，得到解决？如何在阿格拉，以及整个印度，构建一个兼顾文化遗产保护和城市发展的制度议程？

一个可能的办法，就是扩大或重新确定保护区和干预区，不是根据抽象的几何地形来界定梯形缓冲区，而是根据历史和文化想象，来创造一个协同的，而非孤立的区域。作为开端，我们可以更加谨慎地将邻近的泰姬甘吉地区划入保护区，将其作为这一世界文化遗产的外延组成部分。泰姬甘吉地区的加入有两个重要意义。首先，它将与泰姬陵独特的纪念性形成一种奇妙的对比，将鲜为人知的遗产碎片带入人们的视野，突显围绕着泰姬陵产生的

左图、下图、底图：泰姬陵永远是阿格拉及其命运的焦点。旅游业的推广还没有将居民福祉纳入其中，也没有为他们带来实际的收入。未来数年的变革将是这两种现实的融合。

前页：这不是仅仅根据历史价值来制定保护策略的问题，而是要另辟蹊径，根据全新的当代视角和现实需求，来拟定现在的保护议题。放眼整个阿格拉，这里还有许多可持续发展的机会。泰姬陵仍将是阿格拉的中心，它需要成为人民的中心。

多元叙事。曾经私人建造的旅店（serais）遗址、划分区域的城门（darwazas）、集市（mandis）、印度旧时的重量单位（tolas）、片区（padas）、小巷（katras）等都被遗忘，因为它们被嵌入了当代剧变中，而这些变化现在成了泰姬甘吉的形象特征。从水井和水系地理位置的变化中可以更直观地看到这一点，它们曾造就了阿格拉如此强大的城市体系。其次，遗址的重组还将把社区推向台前，因为活生生的历史正在这里上演。它还将有助于政府推行各项把社区囊括在内的政策。泰姬甘吉地区有 4500 户家庭，其中大多数人的祖先可以追溯到泰姬陵的建造时期。这是一个多么强大的资源，可以通过这些口述历史和生活经历来讲述关于泰姬陵的故事。这将是一个重要的项目，可以丰富遗址的体验，延长它的可持续性。这一策略将使社区成为泰姬陵保护项目的中心，并使之与更广泛的社区建立起关键的联系。

第 234—235 页：亚穆纳河从一条恬静的河流（上图）到如今这样（底图）的转变，需要我们以更全面的格局，来规划城市的未来。

在扩建的基础上，下一个关键步骤可能是提档升级，即把其他几处历史遗址也纳入其中。亚穆纳河沿岸曾有 44 座莫卧儿花园和大量的豪宅，如今已不复存在，它们曾串联了亚穆纳河 6 千米长的经济、文化和水文带。这条河能否再次回归人们的想象中心，不仅成为重建人们对泰姬陵历史认识的空间场域，更成为重构泰姬陵作为城市核心的焦点所在。如果保护框架能按照这一理念转型，也许可能出现另一个更具持续性的保护模式，即不仅仅保护泰姬陵，而是聚集数个遗址，从亚穆纳河沿岸向外延伸，形成更大的地域景观，覆盖更广泛的地区。通过不同层面、不同规模的合作，政府、非政府组织、学术界和民间社团之间，也可能产生具有实效的经济和管理联动机制。

按照这样的设想，城市规划的真正使命将拉近文化遗产保护与城市管理进程之间的关系，并通过三个层面上的协商，形成文化、生态和经济的战略与干预措施：阿格

拉与亚穆纳河是具有社会、文化、生态和经济重要性的广大区域；亚穆纳河作为莫卧儿王朝遗址、花园和经济命脉的支柱，为包括苗圃和当代居民区在内的区域提供支撑；沿河的私人遗址，如面积最大的花园拉姆巴格（Ram Bagh，即阿拉姆花园）、齐尼卡墓和伊蒂穆德-乌德-陶拉墓等。作为一个没有争议的区域，亚穆纳河是阻力最小的突破口，有助于巩固和重构阿格拉莫卧儿时代这些纪念碑和花园遗址曾经发生过的社会和文化活动，以及它们在过去 400 年里的转变。

这条河本身就是重建阿格拉的想象和保护的地方。从享乐之地到手工艺中心再到制造中心、重工业基地和交通枢纽，阿格拉的亚穆纳河标志着它在莫卧儿王朝、英国殖民时代和印度独立之后的职能转变。如何才能再次改变这一景观，以满足多重文化和生态保护目标，并提升阿格拉地区的经济活力？什么样的项目和业态，适合引进亚穆纳盆地？是恢复从水路进入泰姬陵的水道系统，还是将河流用作娱乐、交通、农业的物理空间，或是引入清洁并治理水源的功能性景观设置？如何整合不同的花园和古迹，形成一个全面的"网络"，从而提高阿格拉的自然遗迹和非物质遗产的复原能力？阿格拉土地利用历史上的其他片段，比如英国殖民时期建造的沿河工业设施，如何融入这个"网络"？这个"网络"的主要和次要节点——社区中心、教育机构、文化机构和展示中心，将采取什么样的规划模式？如何在建筑、城市设计和城市规划的层面上对之进行设计？

鉴于在管理和规划阿格拉这些纪念碑和花园遗址方面，不同机构与行政机关存在着高度的重合，什么样的合作和协同能鼓励这些遗址在不同的地理和管治标准下，进行更深层次的协调和经济整合呢？一方面需要考虑的是遗址的范围或规模应该囊括阿格拉城内绵延 6 千米的亚穆纳河，以及泰姬陵周围及其毗邻的历史遗迹。另一方面，可以考虑扩大阿格拉市，其腹地和外延可扩展到神圣的印度北方邦。此外，还可以对河滨地区进行综合规划，将主要的文化遗址与城市生活联系起来，探索将某些河岸闲置土地重新用于土地和遗产地附近的居民。在近期和长期的未来，通过推进综合处理办法，对这些知名的和重要的文化遗址进行保护和规划，印度将取得长足的进展。当然，这一方

下图：阿格拉城的经济复苏需要同心协力。在工厂关闭 30 年后，工业萎靡不振。即使商业设施可以促进城市的经济发展，也要采取强有力的措施来重新利用这些设施。这样的愿景也许可以改变这座陷入半混乱状态的城市（底图）。

法的扩展，要考虑更加宏大的经济、历史与文化景观，它们是泰姬陵以及更大范围的阿格拉赖以存续的大环境。

　　让我们想象一下，把维伦达文和马图拉纳入旅游发展规划的遗产保护线路图，将为未来创建一种更加稳定的旅游经济，并打破旅游运营商和政府旅游部门之间联手推行阿格拉城一日游的想法。政府通过投资基础设施，让游客在 12 小时内通过快速通道迅速往返于新德里与阿格拉之间，如蜻蜓点水般参观泰姬陵与阿格拉堡。这一旅行线路对阿格拉的经济来说是一个灾难，必定无法带动社区经济的发展。2014 年 7 月 4 日，阿格拉在《印度时报》（the Time of India）宣布，从新德里到阿格拉的旅行时间将在 2015 年减少到 90 分钟——这只会加剧阿格拉经济的衰退，换句话说——把泰姬陵抽离出来，阿格拉的市民将无法从中获益。

　　相反，把泰姬陵作为阿格拉生态系统中的一部分，包含维伦达文和马图拉，甚至更广阔的北方邦，这样的旅行范围或许能让想象更具可行性，以此作为国家政策和投资的基础，来支撑阿格拉及其无价遗址的健康发展。

上图：保护泰姬陵的缓冲区是一个典型的例子。缓冲区的限制越严格，城市与纪念碑之间的距离越远，然后纪念碑就越脱离出来，成为一个抽象实体或权威象征。纪念碑需要语境、意义，也需要当代相关性。

顶图、上图：这是由印度考古调查局与泰姬陵保护合作组织合作修复后的法塔赫巴德庭院（Fatehbad）。这些拱门以及相邻的房间被修复后，作为游客设施的一部分，用于陈列展览。所有的修复工作于 2008 年完成。

无与伦比的遗产

2006 年（《印度时报》5 月 20 日），印度第一项环境保护政策正式发布，再度唤起了关于泰姬陵保护的一些重大问题。政策引入了"无价之宝"的概念，用来评价泰姬陵、老虎保护区（the Tiger）以及喜马拉雅花谷国家公园（the Valley of Flowers）等自然和文化遗产。该政策明确规定"类似这样符合法案规定的实体必须加以认证"。关于该政策的报告还说："在这些情况下，有一个明确的共识，即（为了让他们生存下去）不应该扰乱（更广泛的）生态系统。"该政策还包括一项定义，称"这些实体将在社会和经济资源的分配中享有优先权，以保护为首要要务，而不用考虑直接的或即时的经济利益"。该政策的核心问题是民生问题，应通过解决民生问题来实现和促进对无价遗产的保护。例如，该政策反对向水力、电厂、化肥和杀虫剂行业给予隐性和显性的补贴。该政策还禁止向农民提供不计量的电力供应，详细说明了电价对地下水使用造成的影响。该政策鼓励建立伙伴关系，与私营部门开展合作，共同参与管理污水处理、垃圾填埋和环境监测等事务。它指出，环境标准必须根据其适用的经济和社会发展情况加以调整。该政策强调的主题是，虽然必须保护资源以保障所有人的生计和福祉，但做到这一点的最佳途径是确保依赖这些特定资源的人们，通过保护获得更好的生计，而不是降低他们的生活水准。

在经济增长似乎是印度政府当务之急的时候，这份宣言是一项受欢迎的政策规划，尽管在过去的 10 年里并未被有意识地实施过。显然，在老虎保护区和鲜花谷的例子中，更广阔的生态系统对它们的生存至关重要，这一点毋庸置疑。然而，在泰姬陵的案例中，人们从未讨论过这个问题。也许，因为纪念碑是一个静态实体，被认为是自给自足的，因此将它隔离起来被视为最简单的保护方法。相反，像泰姬陵这样的古迹，给它创造一个与周边广阔社区和谐共处的环境，才是推进所有保护策略的关键所在。事实上，古迹所处的生态系统和古迹本身一样关键——一个由社会网络、文化以及自然系统组成的生态系统，必须在协同作用下共存，才能使系统保持平衡。正是在这一语境下，关注阿格拉的持续发展再次成为讨论泰姬陵及其未来想象的一个重要问题。而正是在这里，"多重叙事"有可能通过围绕纪念碑的许多故事，把泰姬陵和它所处的广大社区联系起来——社区里包括阿格拉的居民、来自印度和全球其他地区的游客。我们希望，这些同时浮出水面的故事可以把所有人都联系起来，这是纪念碑融入大环境的第一步，从而建立起一个兼顾当代和历史的视角，并最终形成一个支撑泰姬陵，甚至阿格拉的强大网络。这个网络具有包容性，据它制定的协议和进程，保护与发展互为补充，而非相互冲突。毕竟，泰姬陵的未来与阿格拉城的未来息息相关。

下图和底图：经过重修的法塔赫巴德庭院。在自然保护基金会（NCF）、印度考古调查局和塔塔集团印度酒店公司合作期间，这里被用作游客中心。

图书在版编目（CIP）数据

泰姬陵的故事：帝王雄心与永生花园 / (印) 阿米
塔·拜格,(印) 拉胡尔·麦罗特拉著 ; 秦晴译. -- 成
都 : 四川美术出版社, 2020.12
　书名原文 : Taj Mahal Multiple Narratives
　ISBN 978-7-5410-9456-9

　Ⅰ. ①泰… Ⅱ. ①阿… ②拉… ③秦… Ⅲ. ①陵墓—
建筑史—印度—古代 Ⅳ. ①TU-093.51

　中国版本图书馆CIP数据核字 (2020) 第187862号

Copyright Om Books International, India
Artwork Copyright © Respective sources
Originally Published in English by Om Books International
107, Darya Ganj, New Delhi 110002, India, Tel: +91-11-40009000,
Email: sales@ombooks.com
Website: www.ombooksinternational.com

本书中文简体版权归属于银杏树下（北京）图书有限责任公司。

著作权合同登记号　图进字21-2020-367

泰姬陵的故事：帝王雄心与永生花园
TAIJILING DE GUSHI: DIWANG XIONGXIN YU YONGSHENG HUAYUAN

[印] 阿米塔·拜格 拉胡尔·麦罗特拉　著
秦晴　译

出版统筹	吴兴元	选题策划	后浪出版公司
编辑统筹	杨建国	责任编辑	唐海涛
特约编辑	谭云红	责任校对	陈 玲 马 丹
装帧制造	墨白空间·王茜	营销推广	ONEBOOK
责任印制	黎 伟		
出版发行	四川美术出版社 后浪出版公司		
	（成都市锦江区金石路239号 邮编：610023）		
成品尺寸	235mm×305mm		
印　张	31		
字　数	250千		
图　幅	318幅		
印　刷	北京盛通印刷股份有限公司		
版　次	2020年12月第1版		
印　次	2020年12月第1次印刷		
书　号	978-7-5410-9456-9		
定　价	198.00元		

读者服务 : reader@hinabook.com 188-1142-1266
投稿服务 : onebook@hinabook.com 133-6631-2326
直销服务 : buy@hinabook.com 133-6657-3072
网上订购 : https://hinabook.tmall.com/（天猫官方直营店）

后浪出版咨询 (北京) 有限责任公司 常年法律顾问：北京大成律师事务所
周天晖 copyright@hinabook.com